RAPPORT

SUR LES

MOLUQUES.

Reconnaissances géologiques dans la partie orientale de l'Archipel
des Indes Orientales Néerlandaises

PAR

R. D. M. VERBEEK

Docteur ès Sciences.

(Édition française du Jaarboek van het Mijnwezen in Nederlandsch Oost-Indië,
Tome XXXVII, 1908, partie scientifique).

ATLAS

CONTENANT:

CARTE N°. I. CARTE DE LA PARTIE ORIENTALE DE L'ARCHIPEL DES INDES
ORIENTALES NÉERLANDAISES, à l'échelle de 1 : 3.000.000.
CARTE N°. II. ESQUISSE GÉOLOGIQUE DE LA PARTIE ORIENTALE DE L'ARCHIPEL
DES INDES ORIENTALES NÉERLANDAISES, à l'échelle de 1 : 3.000.000.
DIX-HUIT FEUILLES ANNEXES (Nos. I—XVIII), contenant les dessins et profils, figg. 1—517.

BATAVIA
IMPRIMERIE DE L'ÉTAT
1908.

Molukken-Verslag.

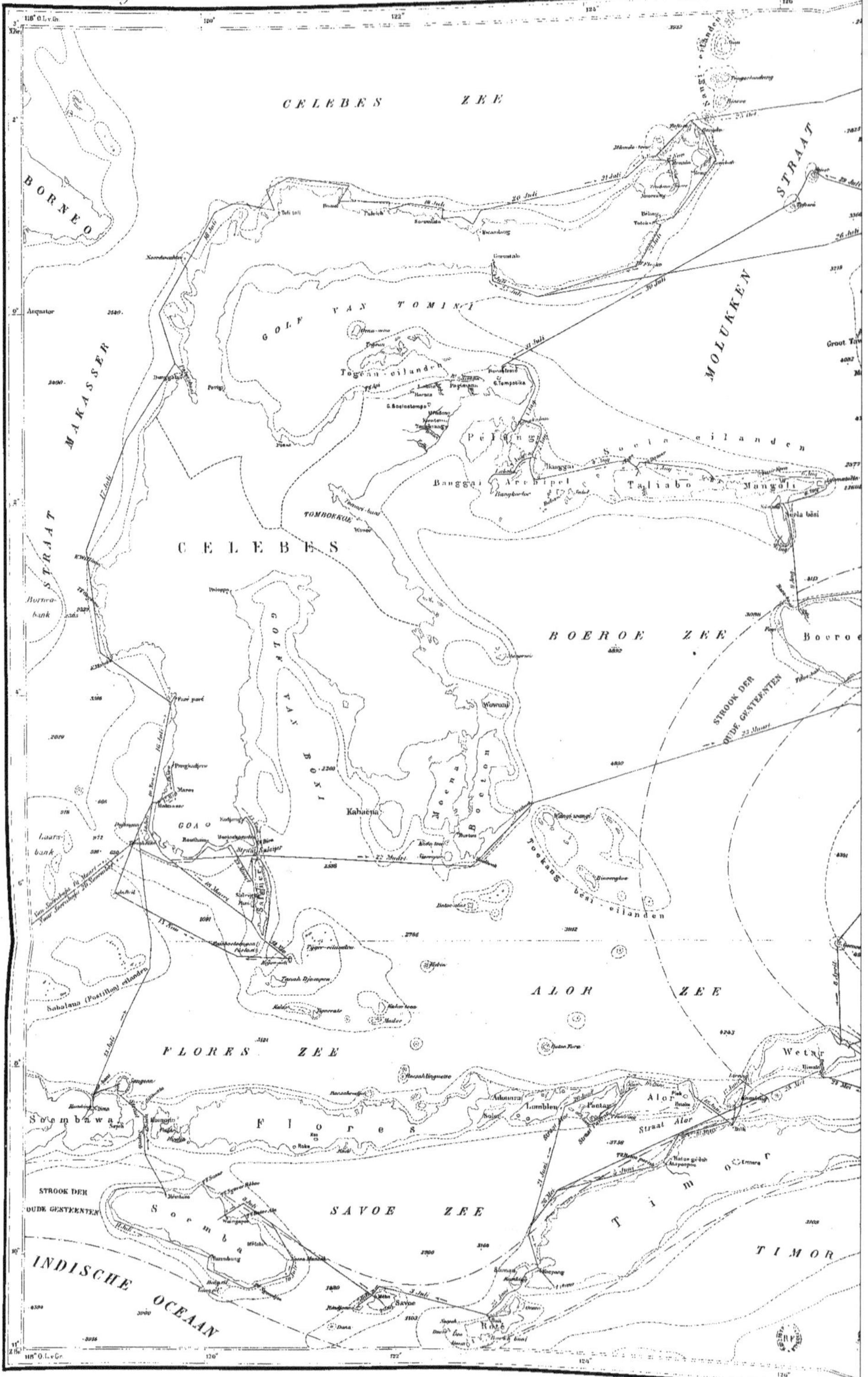

GROOTE OCEAAN

ZEE VAN

Moro

Halmahera

HALMAHERA

Ternate

Groot Tawali

Batjan

Mandioli

Obi-latoe

Obi besar

Waïgeoe

Batanta

Salawati

Misool

NIEUW-

GUINEA

ZEE VAN CERAM

Boeroe

Ceram

Amboina

BANDA ZEE

Banda-eilanden

Goenong Api

VULKAAN-REEKS

Sermata-eilanden

Kei-eilanden

Koor

Kei Toeanbar

Kei Toeanbar

STROOK DER OUDE GESTEENTEN

Jamdena

Timorlaut- of Tenimber-eilanden

ARAFOERA ZEE

Gr.&Kl.Wokan

Kobroor

Koba

Terangan

TIMOR ZEE

Sahoel-bank

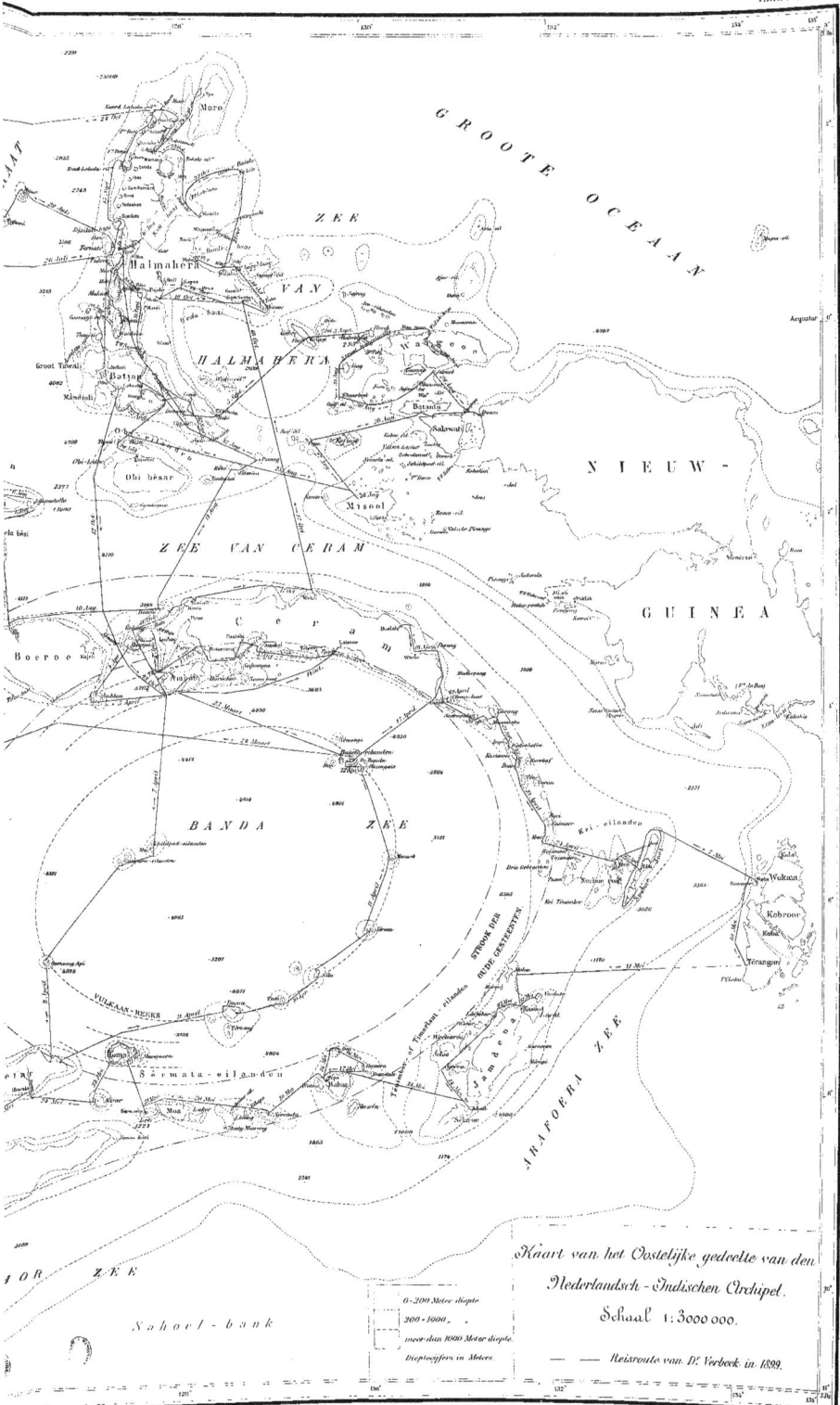

Kaart van het Oostelijke gedeelte van den
Nederlandsch-Indischen Archipel.
Schaal 1:3000000.

0-200 Meter diepte
200-1000
meer dan 1000 Meter diepte
Dieptecijfers in Meters.

——— Reisroute van D? Verbeek in 1899.

Topographische Inrichting.

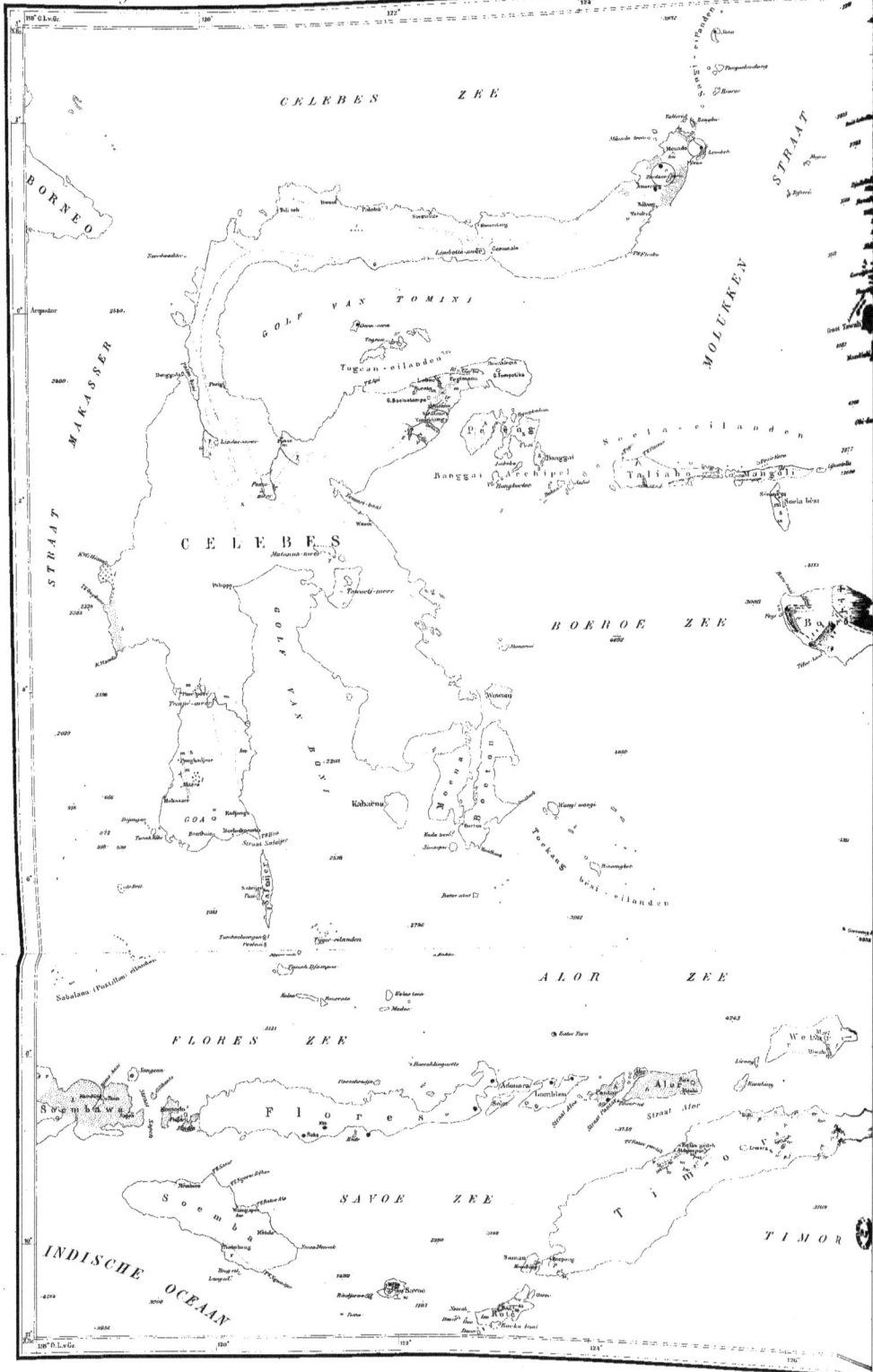

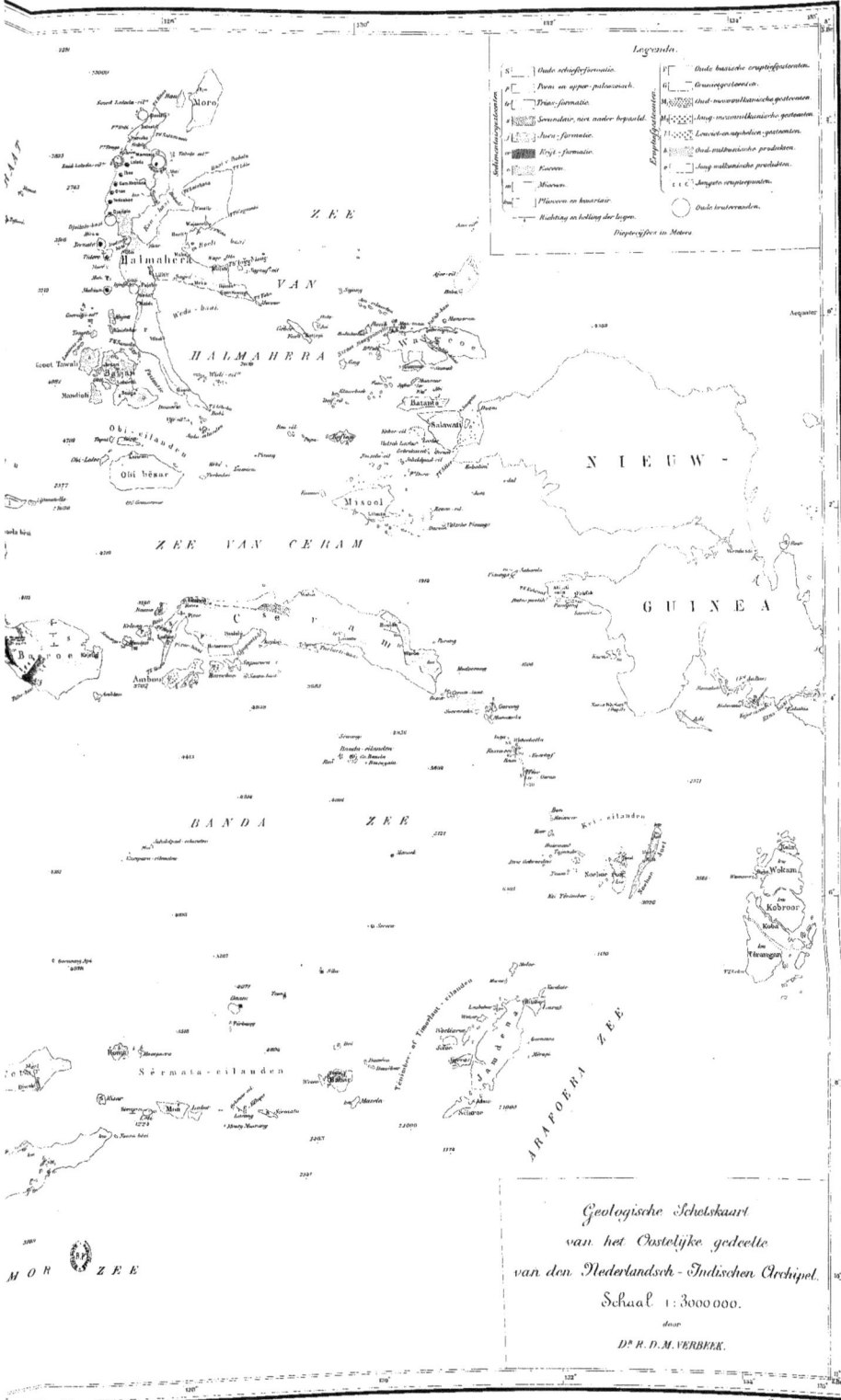

Legenda.

S. Oude schiefterformatie.
P. Perm en upper-paleozoisch.
t. Trias-formatie.
Sedimentairgesteenten
S. Senonair, niet nader bepaald.
j. Jura-formatie.
Krijt-formatie.
E. Eoceen.
M. Mioceen.
Plioceen en kwartair.

Eruptiefgesteenten
e. Oude basische eruptiefgesteenten.
G. Graniegesteenten.
M₁. Oud-mesovulkanische gesteenten.
M₂. Jong-mesovulkanische gesteenten.
L. Leuciet-en nephelien-gesteenten.
A. Oude vulkanische producten.
v. Jong vulkanische producten.
t.t.t. Jongste eruptiegesteenten.
Oude kwartsanden.

Richting en helling der lagen.
Dieptecijfers in Meters.

Z E E   V A N   H A L M A H E R A

Halmahera

Moro

Obi-eilanden

Obi bësar

N I E U W -   G U I N E A

Z E E   V A N   C E R A M

C e r a m

B o e r o e

Amboina

B A N D A   Z E E

Kei-eilanden

Wokam

Kobroor

Sërmata-eilanden

A R A F O E R A   Z E E

T i m o r   Z E E

Geologische Schetskaart
van het Oostelijke gedeelte
van den Nederlandsch-Indischen Archipel.
Schaal 1:3000000.
door
Dr. R.D.M. Verbeek.

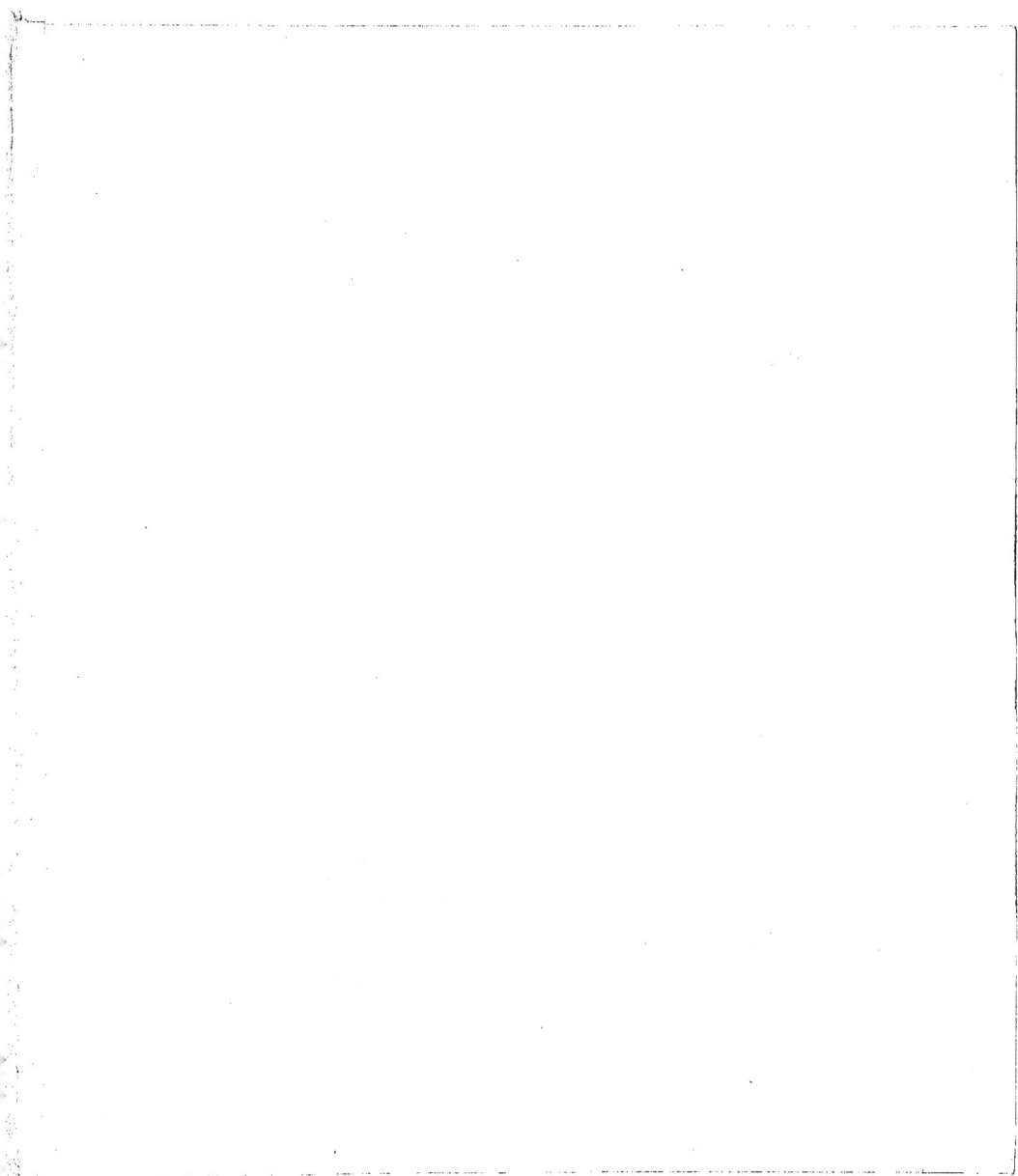

Fig. 1. Geologische schetskaart van de eilanden Saleijer, Pasi, Bavelvenwang, Tamboelongan en Pulasi. Schaal 1 : 500,000.
m. Tertiaire eruptiefgesteenten. n. Tertiaire mergels en zandsteenen. 133. Koraalkalk. o. Alluvium.

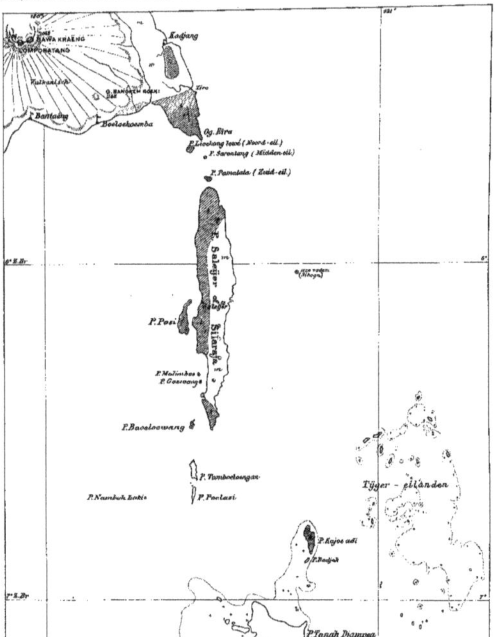

Fig. 5.
Ligging van Saleijer en omliggende eilanden ten opzichte van Zuid-Celebes.
Volgens de zeekaart N°. 162. Schaal 1:1.000.000.
m. Mergels. h. Koraalkalk.

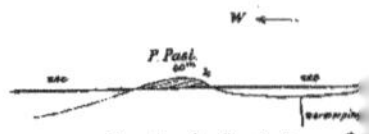

Fig. 4. Geologisch profiel

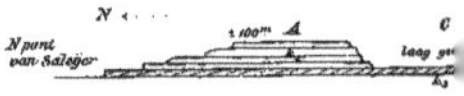

Fig. 6. De kalkbergen A en B van Saleijer

Fig. 7. De kalkbergen A en B van

Fig. 8. De

Fig. 9. De

Fig. 10. De Zuidpunt van Saleijer

Fig. 2.
Kaart van een gedeelte van Midden-Saleijer.
Schaal 1 : 200,000.
m. Tertiaire mergels en zandsteenen; h. koraalkalk; o. alluvium.

Fig. 3.
Kaart van het terrein tusschen Gantarang en de Oostkust van Saleijer.
Schaal 1 : 20,000. Nieuwe opmeting.
h. Koraalkalk.

Fig. 11.
Onregelmatige verbuiging van zandsteenen, tusschen Gantarang en Bontosonge
Normale richting - 10°, helling - 13° West

G. Haroe
Bantosango
Gantarang
Saleijer kalk
mergels, zandsteenen en kruidsteen

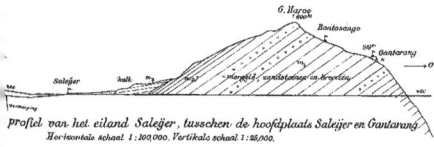

profiel van het eiland Saleijer, tusschen de hoofdplaats Saleijer en Gantarang.
Horizontale schaal 1:100,000. Vertikale schaal 1:25,000.

A en B gescheiden door een lager gedeelte C, nabij de Noordpunt
Saleijer. Genomen Westelijk van de Noordpunt.

B van Fig. 6 van het N.N.W. gezien, vallende flauw naar West.

Og. Batoe Lodja
mergels etc.
mergels etc.
8. De Zuidpunt van Saleijer, van N.O. genomen.

mergels etc.
Z.punt van Saleijer
9. De Zuidpunt van Saleijer, van Z.W. gezien.

Og. Batoe Lodja
Zuidpunt
Saleijer (Oedjoeng Apatana) van Z. genomen.

Fig. 12. Profiel van de kalklagen bij Gantarang. b. Koraalkalk
Bovenste profiel. Horizontale schaal 1:20,000. Vertikale schaal 1:5,000.
Onderste . 1:80,000 . 1:20,000.

mergels,
kleisteenen,
zandsteenen
Og. Tamoeri
koraalkalk
Fig. 13. Koraalkalk met nis, bij Og. Tamoeri, Oostkust van Saleijer, bij Gantarang.

mergels, zandsteenen &c.
Fig. 14. Koraalkalk langs de Westkust van Saleijer, uitgespoeld waar
rivieren a, b, c, d, uitmonden.

Fig. 15. Het eil. Baoeloewang, van O. gezien.

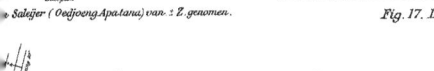

witte kalkafstortingen
onbegroeide zandbank
Fig. 16. Het eiland Baoeloewang, van O.t.N., dichterbij dan Fig. 15 genomen.

Poelasi
kalk
kalk
Tamboeloengan
Fig. 17. De eilanden Tamboeloengan en Poelasi van N.N.O. genomen.

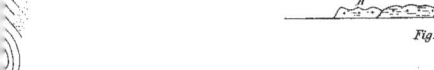

Poelasi
De straat
Eilanden
kalk
kalk
kalk
Tamboeloengan
Fig. 18. Het eiland Tamboeloengan, de straat tusschen dit eiland en Poelasi van N.O. gezien.

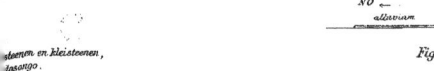

Poelasi
De straat
Eilanden
kalk
Tamboeloengan
Fig. 19. Het eiland Poelasi, de straat van N.O. gezien (vervolg van Fig. 18).

NO
alluvium
witte kalkafstortingen
Koraalkalk
kalk
ZW
Fig. 20. Het eiland Kajoe adi, van N.W.t.N. gezien.

Fig. 21. Het eiland Kajoe adi, van W.N.W. ¾ W. gexien.

Fig. 22. Het eiland Tanah Djampéa, flauw gexien van bewesten Kajoe adi (ongeveer van Noord).

Fig. 23. Het eiland Wangi wangi, ten O. van den Oosthoek van Boeton gelegen; gexien van het Westen.

Fig. 25. De hoek Wapolaka (Zuidkust van Boeton) van het Zuiden gexien, met 13 kalkterrassen.

Fig. 26. De hoek Wapolaka, van Z.O. gexien, met het afgestorte gedeelte.

Fig. 24. De Zuidkust van Boeton met het eiland Sioempoe. Volgens de xeekaart Nº162. Schaal 1:1,000,000.

Fig. 27. Het eiland Sioempoe bij Boeton, van het Zuiden genomen, tamelijk dichtbij.

Fig. 35. De vulkaan van Bantaëng (Bonthain), met de twee toppen Lom— genomen van de Tiro-baai, de eerste top van O. ½ Z., de laatste

Fig. 43. Poeloe Sangean (bij Soembawa) van Z. gexien.

Fig. 44. Poeloe Sangean, van Z.W. gexien

Fig. 36. Kaart van de Oostelijke helft van Soembawa. Copie van de xeekaart Nº III. Schaal 1:1,000,000.

Fig. 28. De Zuidkust van Celebes, gezien van de reede van Boeloekoemba (van Z.) ; van de piek van Bonthain tot aan Tandjoeng Bira.

Fig. 29. Het kalkgebergte bij Tg. Bira, met Noord-eiland en Midden-eiland op den voorgrond, genomen van Z., bij Zuid-eiland.

Fig. 30. Het kalkgebergte bij Tg. Bira, dichterbij Tg. Bira van Z.Z.O. gezien.

Fig. 31. Het kalkgebergte van Tg. Bira tot aan de Tiro-baai, genomen van O., uit de baai van Boni.

Fig. 32. Zadel in mergels en conglomeraten, aan de kust te Kadjang, gezien van de reede van Kadjang.

Fig. 33. Onregelmatig verbogen mergellagen aan de kust te Kadjang.

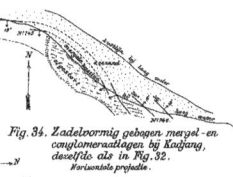

Fig. 34. Zadelvormig gebogen mergel- en conglomeraatlagen bij Kadjang, dezelfde als in Fig. 32. Horizontale projectie.

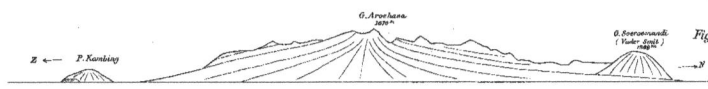

Fig. 37. De Westzijde van de baai van Bima, van O. gezien.

Fig. 38. De baai van Bima, van Z. naar N. gezien, met de twee vulkaanhellingen a en b, en den berg Vader Smit.

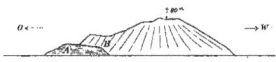

Fig. 39. Poeloe Kambing IV bij Bima, van N.N.O. gezien.

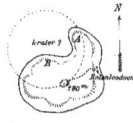

Fig. 40. Poeloe Kambing IV bij Bima. Schets.

Fig. 41. Ligging van witte mergelkalk op tuffen, aan den ingang der baai van Bima, bij Tg. Batoepoetih.

Fig. 42. Koraalkalk op tuffen, 10 tot 12 meter boven zee, aan de Noordkust van Soembawa, beoosten Tg. Batoepoetih, van N. gezien.

Fig. 45. Schematische doorsnede door de vlakte Makasser-Maros-Panghadjéne en het aangrenzend gebergte, van W. naar O.

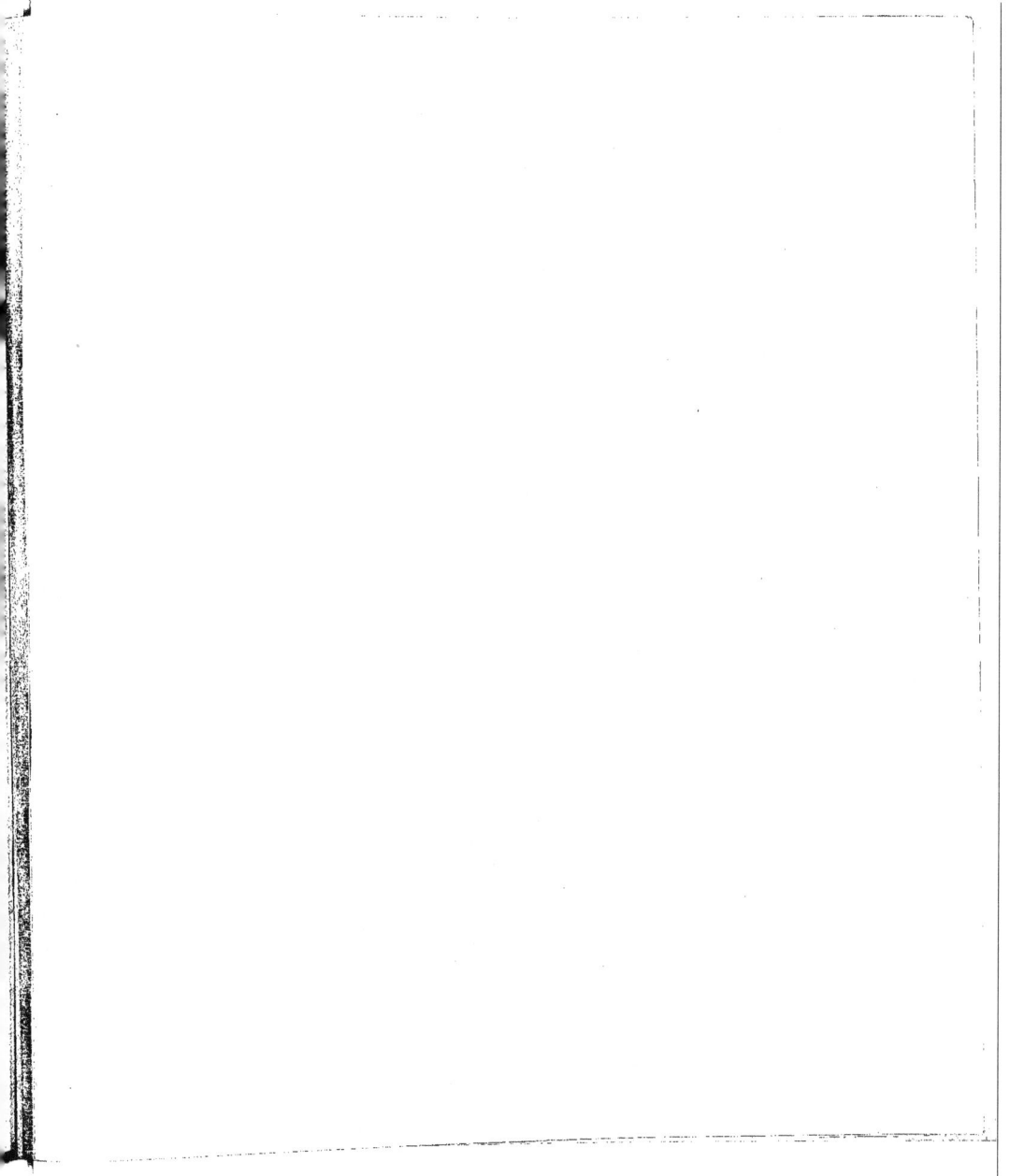

Gneis, kleischefer, graniet.

Diabaasgesteenten.

Jonge zandsteenen en breccien.
(jong tertiair of kwartair).

Mergels en koraalkalk.

Alluvium.

Fig. 47. Het eiland Pel

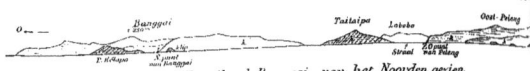

Fig. 48. Het eiland Banggai, van het Noorden gezien.

Fig. 52. De Noordkust van Taliabo

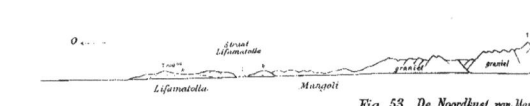

Fig. 53. De Noordkust van Man

Fig. 56. Het eiland Obi-bisa, gezien van W.N.W.

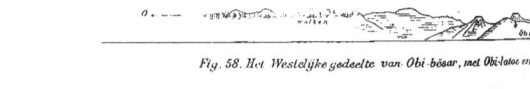

Fig. 58. Het Westelijke gedeelte van Obi-bésar, met Obi-latoe en

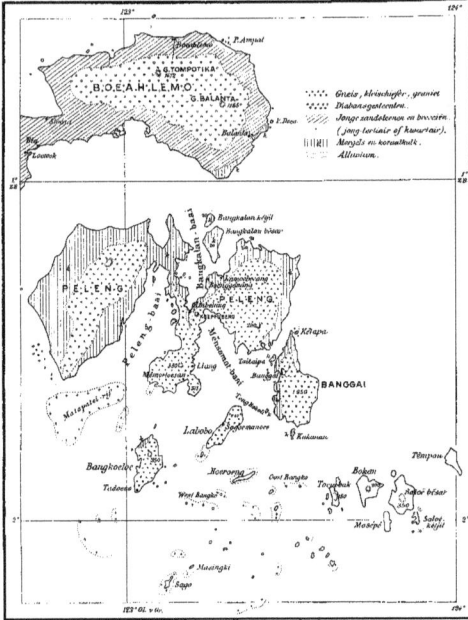

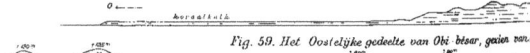

Fig. 46. Geologische schetskaart van den Banggai-archipel. Volgens de zeekaart N° 141.
Schaal 1:1000000.

Fig. 59. Het Oostelijke gedeelte van Obi-bisar, gezien van

Fig. 60. Het eiland Toebalai (ten O. van Obi-bisar) van N. gezien.

Fig. 71. Poeloe Pisang, van Z.O.

Fig. 75. Basaltberg, aan de Westzijde van Djérong

Fig. 61. Eiland Kéké van Z.O.

Fig. 62. Eiland Kéké van O. bij P. Lawien.

Fig. 63. Eil. Kéké van O.N.O. bij P. Pisang.

Fig. 72. Poeloe Pisang van O.Z.O.

Fig. 76. Het eiland Woka (Groot Geelmuiden) van S.

Fig. 64. Toppershoedje (bij Kéké) van Z.W. gezien.

Fig. 65. Het eiland Lawien, genomen van W. ten Z. bij Kéké.

Fig. 77. Poeloe Woka van Z. nerde genomen dan bij Fig. 76.

Fig. 73. Poeloe Pisang van N.N.W.

Fig. 66. Het eiland Lawien, met de twee aangrenzende koraalkalkeilanden, van N. gezien.

Fig. 78. Schetskaart Poeloe W

Fig. 67. Plaatvormig afgezonderde grunnen andstiet van P. Pisang met harde concreties.

Fig. 68. Het eil. Pisang van W.Z.W. bij P. Kéké genomen.

Fig. 70. Poeloe Pisang, van Z.

Fig. 74. De Salo-groep, ten Z. van Halmahera.
Schaal 1:800 000.

Fig. 79. De eilanden Damora bésar en Damora kijil

Fig. 69. Poeloe Pisang, van Z. ten W.

Oost - Peleng Nagelberg Zuid - Peleng West - Peleng West - Peleng

eng , van het Noorden gezien .

Fig. 49. Het eiland Labobo , van N.W. gezien .

Fig. 51. Het N.N.W. gedeelte van Bangkoeloe , van N.W. gezien .

Fig. 50. Het eiland Bangkoeloe , van N.O. gezien .

Taliabo

bo , van N. gezien .

Fig. 54. De Oostzijde van het eiland Soela-bêsi , van N.O. gezien .

goli en van Lifamatolla , van N. gezien . (Vervolg van Fig. 52).

Fig. 57. Het eiland Tapat (Obi-groep), gezien van O.

Fig. 55. Jong-tertiaire formatie in het Z.W. gedeelte van Soela-bêsi , met een dun koollaagje . Profiel .

Belang-belang , genomen van Straat Tapat , dus van het Noorden .

het Noorden , bij de Oostpunt van Obi-bisa .

Fig. 84. Het eiland Mandioli (Batjan-groep), gezien van het Zuiden , bij P.Tapat (Obi - eilanden).

Fig. 85. De berg Sibella op Batjan , gezien van het Zuiden , bij P.Tapat (Obi -eilanden).

Fig. 80. Het eiland Salé lamo in Straat Patientie , met de eilanden Salé ilji en Protjo (Lari) van N.W.gezien .

Fig. 86. De berg Sêndapat (Boekoe Tjaka) van O.t.Z.

Fig. 81. Kaart van de eilanden in Straat Patientie . Schaal 1:500.000.

Fig. 87. De top van den berg Bibinoi , van O.

Fig. 82. Afwisseling van eruptieve lagen met schieferige gesteen, ten, aan de N.W.punt van het eiland Salé ilji .

Fig. 83. Geologische schetskaart van Batjan , grootendeels volgens de reekaart . 1:1.000.000

Fig. 88. De berg Bibinoi van N.N.O.

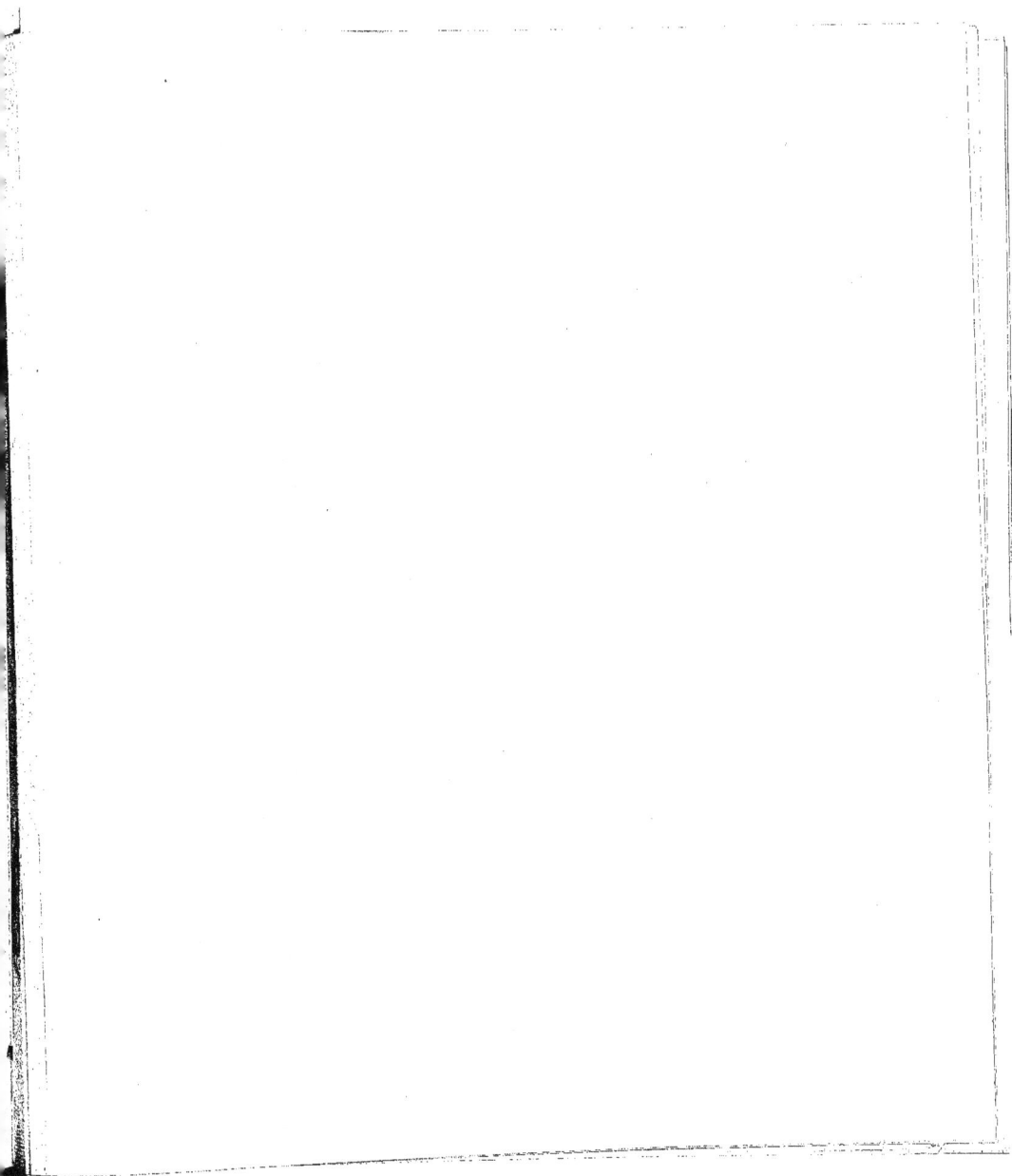

NW ← .... *Weg van Wojaoewa naar Songa.* → ZO

Fig. 89. De bergjes A en B tusschen Wojaoewa en Songa, eiland Batjan, van Z.W. gezien, uit de Wojaoewa-baai.

ZO ← *Hibinoi* .... *Weg van Songa naar Wojaoewa.* → A

Fig. 90. De bergjes A en B tusschen Songa en Wojaoewa, eiland Batjan, van N.O. gezien.

Z ← *Koetroela* *Yapi* *Lata-lata-eilanden* → N

Fig. 93. De Lata-lata-eilanden en Tameti, gezien van de Zuidpunt van Waidoba, ± van het Oosten.

Fig. 94. Het

N ← *koraalkalk* → Z

Fig. 96. Het eiland Waidoba (Laloein), gezien van Laigoma, ± van N.W.

P. Mihkino .... I II III IV

Fig. 97. Het eiland Kajoa, van W.N.W. bij Laigoma, gezien.

N ← I II III IV *koraalkalk* *Kajoa* *eiland* *Noordpunt van Waidoba* *koraalkalk* *eiland Waidoba (Laloein)*

Fig. 98. De Westkust van het eiland Kajoa, van het Westen genomen.

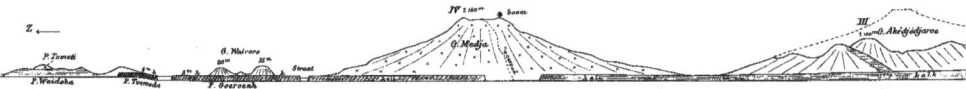

Z ← *P. Tameti* *P. Waidoba* *P. Toenoda* *G. Woiroro* *G. Medja* *Straat* *P. Goeroeah* IV ± *boom* III *G. Ahëdjedjaroe*

Fig. 102. De Oostkust van het eiland Kajoa, van nat

O ← *Goemorga* *kleine eilanden* → W O ← *tuffen*

Fig. 103. Het eiland Goemorga van N., en een gedeelte der eilanden tusschen Goemorga en Tameti.

Fig. 105. Het eiland S

NO ← *tuffen* → ZW O ← *koraalkalk* *eruptief* *koraalkalk* *eruptief* → W

Fig. 109. Het eilandje Tonakomafatoe, van ± NW., bij Sikau, gezien.

Fig. 111. Het eiland Laigoma, van N. gezien.

ZO ← *tuffen* *tuffen* → NW N ← → N

Fig. 108. De 2 eilanden Ari, met de rots (Sikau-vulkaan), van NO.

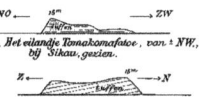

Fig. 110. Het eilandje Tonakomafatoe, van O., bezijden Laigoma, gezien.

Fig. 104. De Goera-itji-eilanden. Schaal 1:1.000.000.

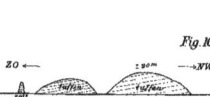

W ← → O

Fig. 115. Het eiland Makian van Z.Z.W., van dichtbij genomen.

O ← p → W *Ngofakiaha* *Ngofagita*

Fig. 116. Het eiland Makian, van N., met den krater A, een dam a-a, en het ravijn b.

Fig.117

W ← a b c → O

Fig. 119. Het eiland Moti van Z., met den krater.

N ← *lava* → Z

Fig. 120. De N.W. helling van Moti, met het eruptiepunt T, van W. gezien.

ZO ← → NW

Fig. 121. Het eiland Moti van N.O., met den la nabij de N.W. punt.

Fig. 91. Bergen in het Noordelijk gedeelte van Batjan, gezien van den ingang der Baban-baai, ten Zuiden van de Oostkaap p (zie Fig. 83).

Fig. 92. De Oostpunt q (zie Fig. 83) van Batjan.

... uit de Lapan-baai bij Songa.

Zuidelijke gedeelte van Tameti, van O. gezien.

Fig. 95. Het Z.W. gedeelte van Waidoba (Laloein), van Z.W. gezien.

Fig. 99. De Noordkust van Kajoa, bij P. Miskien (± van N.) gezien.

Fig. 100. Het eiland Kajoa, gezien van P. Djodji (kust van Halmahera), ± van NNO.

Fig. 101. Het eiland Kajoa, ongeveer van NO. gezien.

bij gezien.

Sikau, van N. gezien.

Fig. 106. Het eiland Gafi, van W. gezien, bij Sikau.

Fig. 107. Het eiland Gafi, van NO. gezien.

Fig. 112. Kogelvormige afzondering, met glaskorsten rondom de kogels, van het eruptiefgesteente van Liigona.

Fig. 113. Het eiland Makian, van Tameti gezien, ± ZZW.

Fig. 114. Het Zuidwestelijk gedeelte van Makian met het eruptiekegeltje 1, van Z. gezien.

Schetskaartje van Makian.

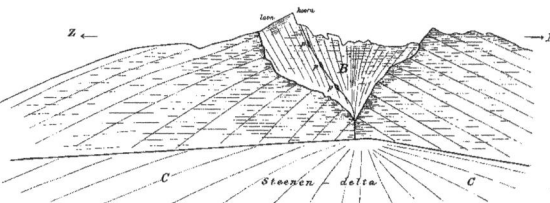

Fig. 118. Het eiland Makian van Oost, met den krater B, en het steenen-delta C. (gedeeltelijk naar eene photographie.)

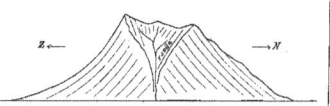

Fig. 122. Het eiland Moti, van het Oosten gezien.

waststroom. P,

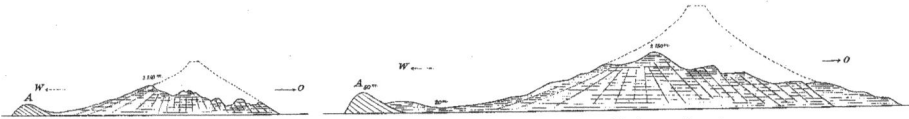

Fig. 123. Het eiland Maré, van Z.O. gezien.

Fig. 124. Het eiland Maré, van Z. gezien.

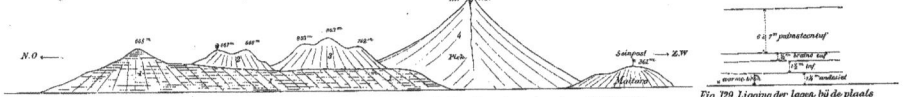

Fig. 128. Het eiland Tidoré met Maitara, van den uitkijk te Ternate gezien. (van N.W. tot N.)

Fig. 129. Ligging der lagen bij de plaats genaamd Akisahoe, aan de Oostkust van Tidoré.

Fig. 130. ten

Fig. 132. Ligging der eilanden langs de Westkust van Halmahera, van Waidoba tot Hiri. Schaal 1 : 1.000.000. (Volgens de zeekaart.)

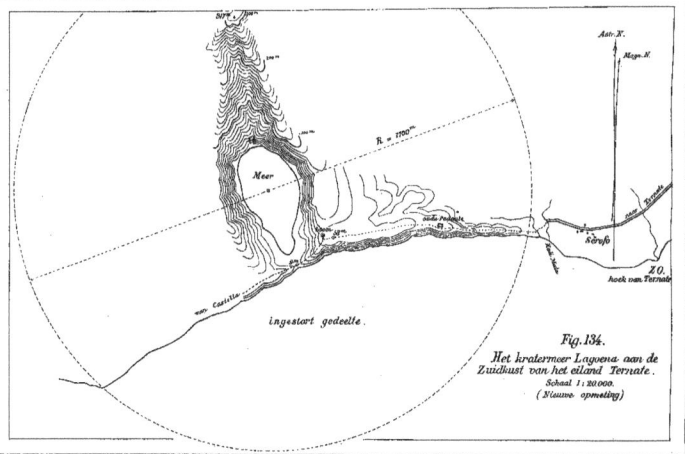

Fig. 134. Het kratermeer Laguna aan de Zuidkust van het eiland Ternate. Schaal 1 : 20.000. (Nieuwe opmeting)

Fig. 143. De Zuidwestkust van Halmahera, van kaap Booebo over Ganée tot aan kaap Liboba.

Fig. 144. De Zuidwestkust van Halmahera, bij kaap Samola (de kust heet Dolli).

Fig. 148. De Westkust van Halmahera, tusschen de Djailolo- en Dodinga-baaien, de G.D.

Fig. 125. Schetskaartje van het eiland Maré.

Fig. 126. De piek van Tidoré, van Zuid gezien, bij Makian genomen.

Fig. 127. Het eiland Tidoré, van O. gezien.

Fig. 130. Het eilandje Filongan ten O. van Tidoré, van W.

Fig. 131. Het eiland Maitara, van W.

Fig. 137. Het eiland Hiri, van O.Z.O.

Fig. 135. Het eiland Ternate, van N.N.O. gezien.

Fig. 139. Schetskaartje van het eiland Tofoeré.

Fig. 138. Het eiland Hiri, van Z.

Fig. 136. De piek van Ternate, van N.N.W. gezien.

Fig. 140. Onregelmatig verbogen bruine kalklagen, op het eiland Tofoeré A.

Fig. 153. Kaart van het Z.O. gedeelte van het eiland Ternate, met Maitara. Nieuwe opmeting. Schaal 1 : 100.000.

Fig. 141. Het eiland Tofoeré, van N.N.O.

Fig. 142. Het eiland Mojave, van het Oosten.

Fig. 147. De vulkaan G. Djailolo (Tala) met den G. Todoekoe op den achtergrond. Genomen van Z.Z.W. bij Hiri.

Fig. 149. De Goenoeng Djailolo met den Kié ili, van Z.O. gezien.

Fig. 150. De bergen A.B. en D, genomen van uit de baai van Djailolo, de Boekoe ma titi : Z.O. gezien.

Fig. 151. De Djailolo-baai als ingestorte krater. Schaal 1 : 500.000.

G. Djailolo van het Zuiden gezien.

Fig. 152. De vulkanen Todoekoe en Doeon, van Z.W. gezien.

Fig. 153. De G. Todoekoe van Noord.

Fig. 154. De vulkaan Onoe, van West.

Fig. 155. De twee voortoppen van den vulkaan Gam Koenora, van W.

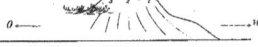

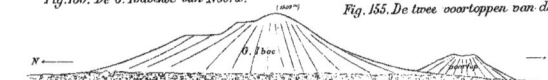

Fig. 156. De twee voortoppen van den Gam

Fig. 158. De Gam

Fig. 160. De vulkaan Iboe, met voortop, van 295° (± W.N.W.) gezien.

Fig. 161. De vulkaan Loloda, met voortop, van W. gezien.

Fig. 162. Kaart van de Loloda-baai en de Zuid-Loloda-eilanden. Schaal 1:500,000. (Volgens de zeekaart).

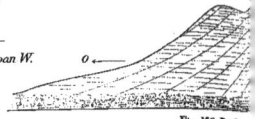

Fig. 163. De eilanden Nonasi en Goeha (Zuid

Fig. 164. De eilanden Tolla (Zuid-Loloda-eilanden

Fig. 165. De Noordpunt van Kaha tolla lamo met Mariprotjo (Toren van Babel) van N.N.W.

Fig. 166. Ligging der tuf- en breccielagen op de eilanden Kaha tolla lamo en Mariprotjo, van N.

Fig. 167. Lavawand met waterval aan de Oostzijde van Kaha tolla lamo.

Fig. 169. De Westkust van Halmahera, van het eiland Diti tot aan de N.W.punt van Halmahera, kaap Bisoi

Fig. 170. De Noord-Loloda-eilanden Schaal 1:1.000.000. Schets. 1-6. Kleine eilandjes ten Westen van Doei-lai en Toeakara.

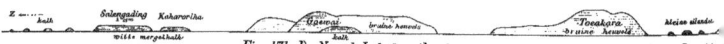

Fig. 171. De Noord-Loloda-eilanden, genomen van een punt ten Z.O. van Doei-lai

Fig. 173. De twee Noordelijkste punten van Halmahera, van W.t.N. genomen.

Fig. 174. Het eiland Ran, van het Zuiden gezien.

Fig. 176. De Westkust van het

Fig. 178. Het Tobelo-gebergte tot aan Galela, van N. (bij

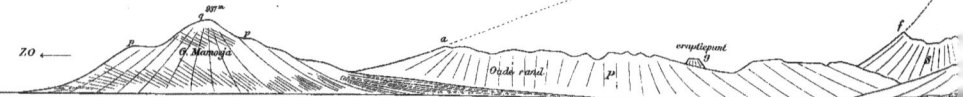

Fig. 179. Het Tobelo-gebergte, gezien

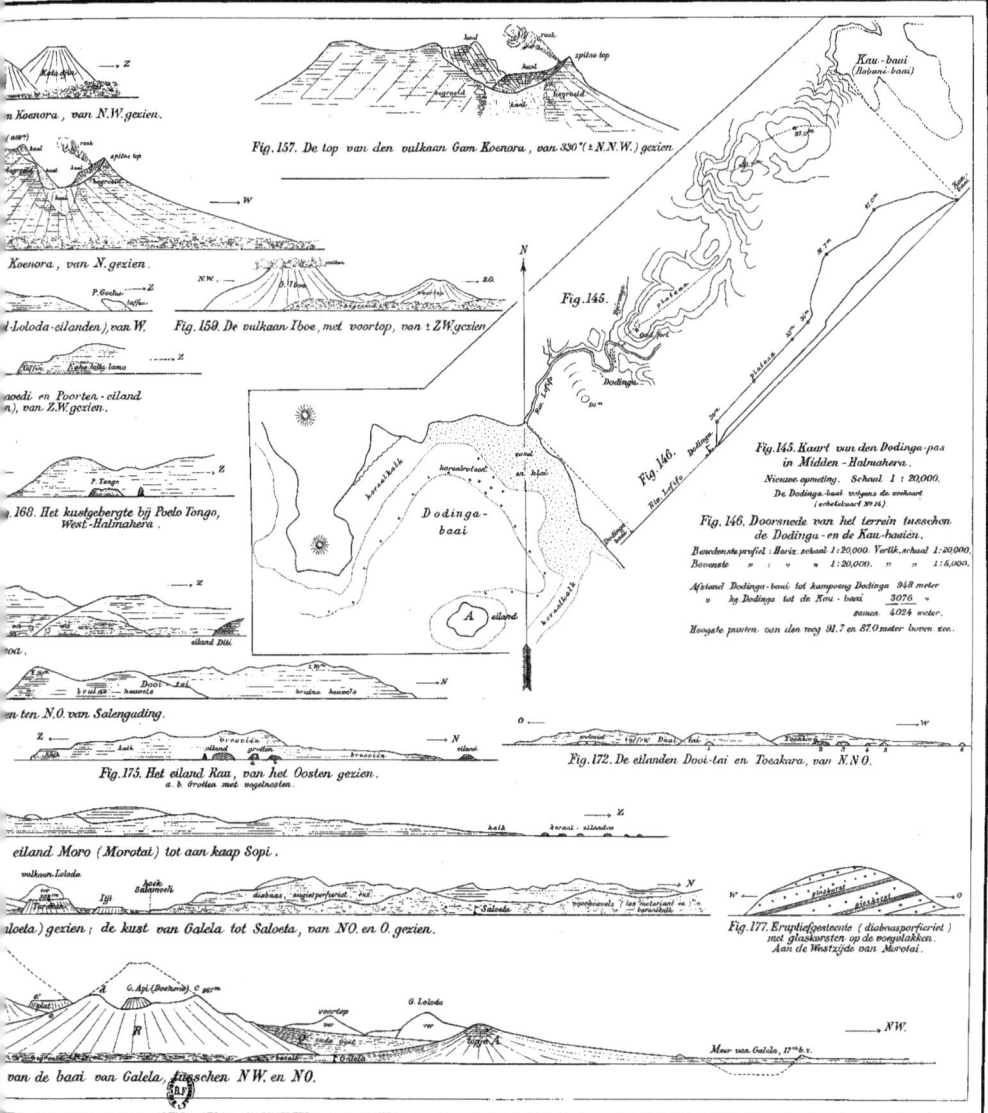

Fig. 157. De top van den vulkaan Gam Koenora, van 330°(±N.N.W.) gezien.

n Koenora, van N.W. gezien.

Koenora, van N. gezien.

Fig. 145.

Kau-baai
(Bovani-baai)

Fig. 159. De vulkaan Iboe, met voortop, van ± Z.W. gezien.

-Loloda-eilanden), van W.

Fig. 146.

Dodinga.

noedi en Poorten-eiland
), van Z.W. gezien.

Dodinga-baai

zand
en klei.

koraalkalk

koraalzand

Fig. 145. Kaart van den Dodinga-pas
in Midden-Halmahera.
Nieuwe opmeting. Schaal 1 : 20.000.
De Dodinga-baai volgens de zeekaart
(arbeidsvel N° 14.)

Fig. 146. Doorsnede van het terrein tusschen
de Dodinga- en de Kau-baaien.
Benedenste profiel : Horiz. schaal 1 : 20.000. Vertik. schaal 1 : 20.000.
Bovenste   „   „   „   „   1 : 20.000. „   „   1 : 5.000.

Afstand Dodinga-baai tot kampoeng Dodinga 948 meter
  „   bij Dodinga tot de Kau-baai   3076   „
                       samen. 4024 meter.

Hoogste punten van den weg 91.7 en 87.0 meter boven zee.

Fig. 168. Het kustgebergte bij Poelo Tongo,
West-Halmahera.

eiland Diti

Dooi-tai
kruidon hoavels

en ten N.O. van Salengading.

eiland

Fig. 172. De eilanden Dooi-tai en Toeakara, van N.N.O.

Fig. 175. Het eiland Kau, van het Oosten gezien.
a. b. Grotten met vogelnesten.

koraal-eilanden

eiland Moro (Morotai) tot aan kaap Sopi.

vulkaan Loloda

Saloeta

Fig. 177. Eruptiefgesteente (diabaasporfieriet)
met glaskorsten op de vergrlakken.
Aan de Westzijde van Morotai.

aloeta) gezien; de kust van Galela tot Saloeta, van NO. en O. gezien.

G. Api (Doehono)   G. Loloda

NW.

Meer van Galela, 17 M b. z.

van de baai van Galela, tusschen NW. en NO.

Fig. 183. De vulkaan Mamoeja, van N.O. gezien.

Fig. 184. Het Tobelo-gebergte, van O. en N

Fig. 185. Het Tobelo-gebergte, van Z.O., bij P. Miti, gezien.

Fig. 186. De Oostkust van Halmahera, van kaap Patjikara tot aan P. Miti.

Fig. 187. De Oostkust der Kau-baai van Waisilé tot kaap Lélé.

Fig. 188. De Oostkust van Halmahera, van kaap Lélé tot aan kaap P.; Noordkust der Boeli-baai.

Fig. 189. Het westelijke gedeelte der Boeli-baai, van kaap P. fig. 188 tot aan kampoeng Maba.

Fig. 190. De Zuidkust der B

Fig. 193. De Oostkust van Halmahera, van kaap Inggèlaug tot aan kaap Tabo.

Fig. 195. De Noordkust der Weda-baai, van kaap Tabo tot aan den N.W. ho

Fig. 196. Ligging der lagen aan de Sagea rivier, tot aan de grot.

Fig. 197.

Fig. 198. De Oostkust van het eiland Gébec, van O. gezien.

Fig. 201. Het eiland Fau, van het Oosten gezien.

Fig. 203. Het eilandje Joë bij Gébec, van Z.

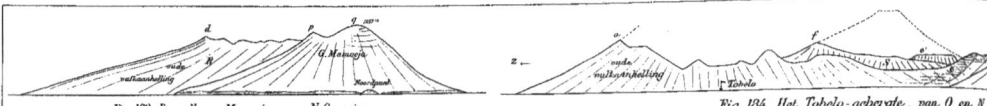

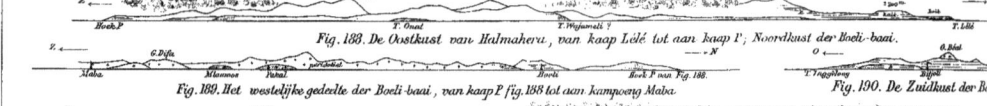

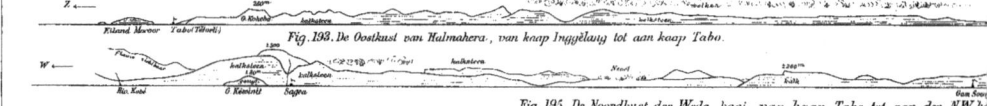

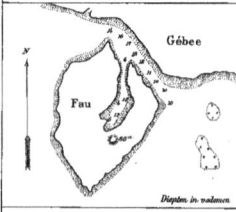

Fig. 202. Kaartje van het eiland Fau.
Schaal: 1 : 100,000.
(Volgens de zeekaart Nº 180.)

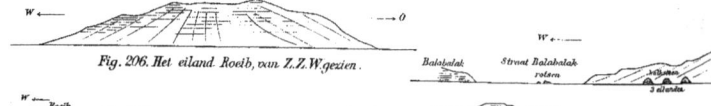

Fig. 206. Het eiland Roeib, van Z.Z.W. gezien.

Fig. 209. De eilanden in straat Bougainville, ten Oosten van Roeib (± van Z.)

Fig. 210. De eilanden ten N.W. en N. van Roeib, van straat Balabalak gezien

Fig. 212. De Jen-eilanden, van ± Z.Z.O. gezien.

Fig. 213. Profiel der lagen nabij de N.W. punt van

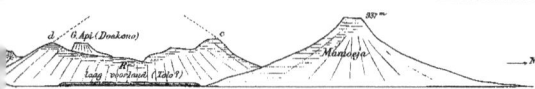

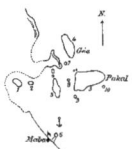

Fig. 191. De eilanden bij Maba
(Boeli-baai). Schaal 1:500,000.
1 Wef Maboeli   4 Wef Gie
2 Wef Mialoei   5 Wef Pakal (P.Mésar)
3 Wef Mlaauwa   6 Wef Moboi (P.Maba)
(P.Pandjang)
(Volgens de zeekaart N:190, kaartje N:6).

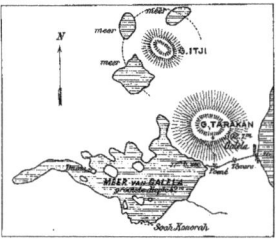

Fig. 182. Het meer van Galela. Schaal ± 1:100,000.
Volgens de kaart van Campen, gewijzigd door Kükenthal.

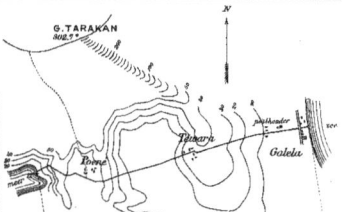

Fig. 180. Weg van Galela naar het meer van Galela.
Nieuwe opmeting. Schaal 1:20,000.

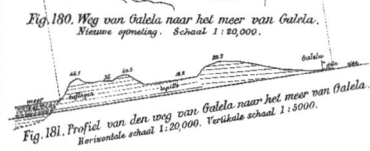

Fig. 181. Profiel van den weg van Galela naar het meer van Galela.
Horizontale schaal 1:20,000. Verticale schaal 1:5000.

Boeli-baai, van Maba tot aan kaap Inggèlang.

Fig. 192. De eilanden bij Maba, gezien van de reede van Maba.

Fig. 194. De Sajaaf-eilanden (Shappie-eil.) van W.

hoek der baai, bij de rivier Kobé.

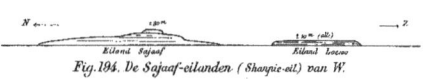

7. De Westkust der Weda-baai, van den N.W.hoek der baai tot ongeveer op de hoogte van Wosi.

Fig. 199. Koraalkalkbank bij Katjépi, Oostkust van Gébée.

Fig. 204. Het eiland Balabalak van Z.Z.O. gezien.

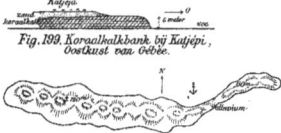

Fig. 205. Schetskaartje van het eiland Balabalak.

Fig. 200. Afwisseling van gabbro en peridotiet aan de Westkust v. Gébée. Horizontale projectie.

Fig. 207. Het eiland Roeib, van Z.t.O. gezien.

Fig. 208. Twee rotsen in straat Balabalak, van N. gezien.

Fig. 211. De Shaggy-rotsen, van Z. gezien.

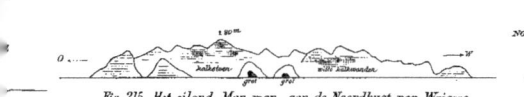

Fig. 215. Het eiland Man-man, aan de Noordkust van Waigeoe, van N. gezien.

Fig. 214. Een gedeelte van de Noordkust van Waigeoe, met den Baffelhoorn" (G.Bonowik) in het verschiet. De G.Bonowik van W.t.N. gezien.

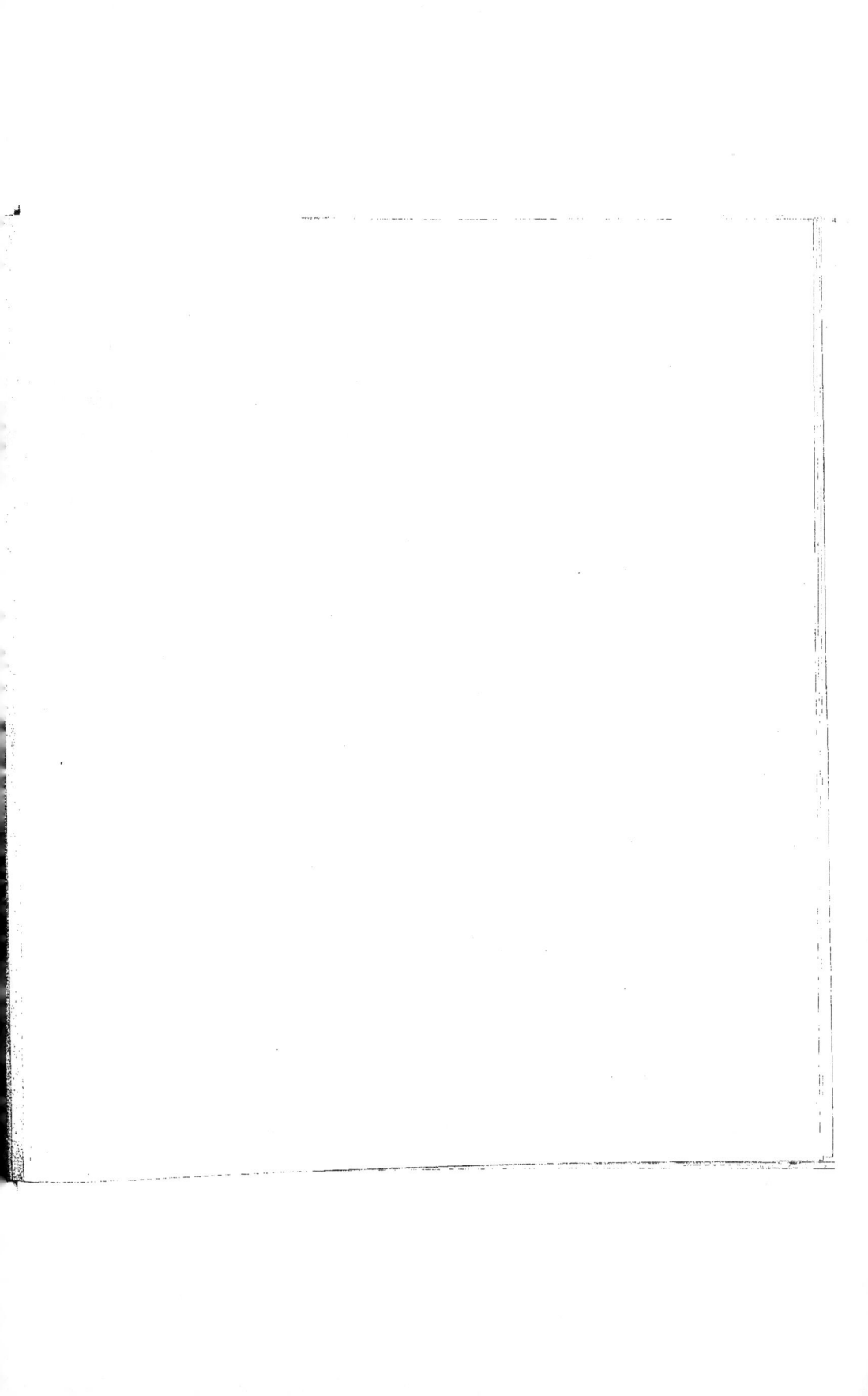

Fig. 216. De ingang der Fafak-baai, de Buffelhoorn van N.t.W.½W.

Fig. 218. Het eiland D in de Fafak-baai, met de heuvels I en II. Schets.

Fig. 219. Doorsnede der lagen in den heuvel I van het eiland D der Fafak-baai.

Fig. 220. Panorama van het Noordelijke einde

Fig. 217. De Fafak-baai (Noordkust Waigeoe). Schaal 1:80,000.

Fig. 221. Het Noordelijke gedeelte van

Fig. 222. De Balang Palé-eilanden, van z. W.

Fig. 22

Fig. 226. Het eiland Mios Mansaar, van Z. gezien.

Fig. 227. Het eiland Gag, van W. gezien.

Fig. 232. Het Zuidwestelijke gedeelte van het eiland Batanta, van Z. gezien.

Fig. 236. Het eiland Kofiau, de K

Fig. 235. De eilanden bij kaap Sorong.
Schaal 1:200,000.
(Volgens de zeekaart N°270.)
Kaartje N°3.

Fig. 239. Het Noo

kalkgebergte

jalibit-baai genomen van het hoogste punt van den weg tusschen de Fafak- en Majalibit-baaien.

Fig. 223. Het eiland Batang Palé, uit straat Balabalak gezien, ± van N.N.W.

Fig. 225. De eilanden Saonèk bèsar en Saonèk kêtjil.
Schaal 1:100,000. Verkleind van de zeekaart N°161.

kalksteen
eilanden
Batang Palé

stkust van Waigeoe, van kaap Forrest tot aan het eiland Batang Palé.

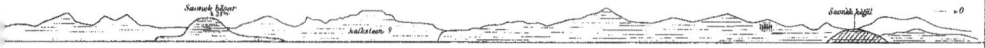

Saonèk bèsar
kalksteen
Saonèk kêtjil

iddelste gedeelte van de Zuidkust van Waigeoe, van Z. genomen; op den voorgrond de eilanden Saonèk bèsar en Saonèk kêtjil.

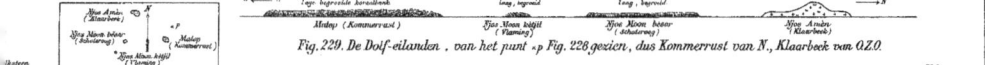

Fig. 228. De Jef-doif-groep.
Schaal 1:1.000.000. Volgens de zeekaart N°143.

Fig. 229. De Doif-eilanden, van het punt *p Fig. 226 gezien, dus Kommerrust van N., Klaarbeek van O.Z.O.

Fig. 230. Njos Amèn (Klaarbeek) van O.N.O. gezien.

Fig. 231. Schets van de Noordkust van Njos Amèn.

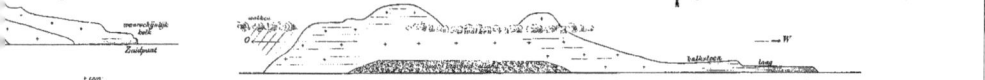

Fig. 233. Het Noordwestelijke gedeelte van het eiland Salawati, van N. gezien.

Fig. 234. Het eiland Snapan (Jackson), van het W. gezien.

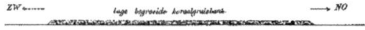

Koepelberg

Fig. 237. De Koepelberg op Kofiau, van N. gezien.

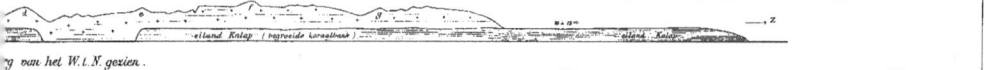

eiland Kalap (begroeide koraalbank)
eiland Kalap

g van het W.t.N. gezien.

lage begroeide koraalgruisbank

Fig. 238. Het eiland Popa, van Z.O. gezien.

eiland
Kanari (Groot-eiland)

telijke gedeelte van Misool, gezien van N.

Fig. 240. Kaart van het eiland Soemba. Schaal 1:2,000,000.
Grootendeels volgens de oude zeekaart N° III.

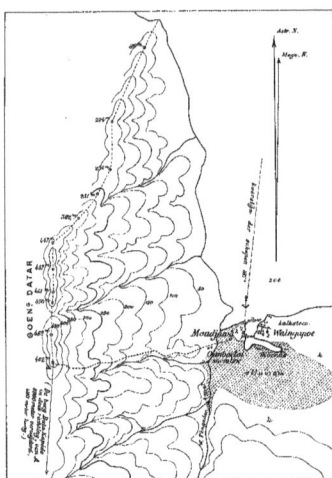

Fig. 242. De kalkberg G. Datar ten W. van Waingapoe.
Schaal 1:100,000. Nieuwe opmeting.

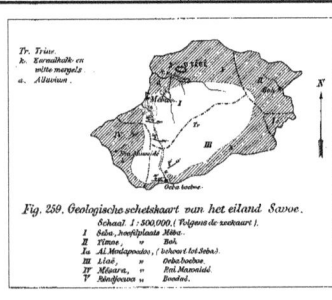

Fig. 259. Geologische schetskaart van het eiland Savoe.
Schaal 1:500,000. (Volgens de zeekaart).

I   Seba, hoofdplaats Mêba.
II   Timoe,   „   Boh.
Ia   Al. Mendapoedoe, (behoort tot Seba).
III Liaê,   „   Oeba boeboe.
IV   Mêsara,   „   Rai. Masaaidel.
V   Ráindjoewa   „   Bendal.

Tr. Trias.
b.   Koraalkalk- en witte mergels.
a.   Alluvium.

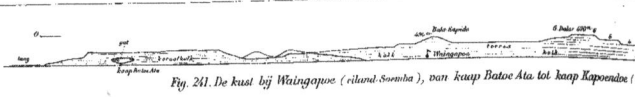

Fig. 241. De kust bij Waingapoe (eiland Soemba), van kaap Batoe Ata tot kaap Kapoendoe (

Fig. 243. De omgeving van Waingapoe.
Schaal.

Fig. 244. De Oostkust van het eiland Soemba, van Noesa-Manoek tot

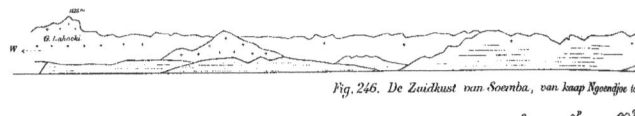

Fig. 245. Het Zuidelijke gedeelte der Oostkust van Soemba

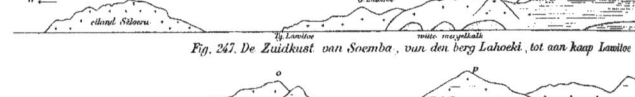

Fig. 246. De Zuidkust van Soemba, van kaap Ngotendjoe te

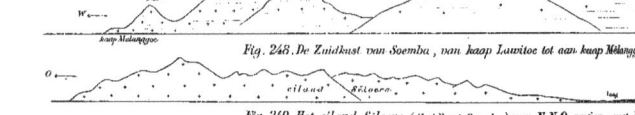

Fig. 247. De Zuidkust van Soemba, van den berg Lahoeki, tot aan kaap Lawitoe

Fig. 248. De Zuidkust van Soemba, van kaap Lawitoe tot aan kaap Mêlangoe

Fig. 249. Het eiland Séloeroe (Zuidkust Soemba) van N.N.O. gezien; met

Fig. 250. Het Westelijke gedeelte van de Zuidkust van Soemba

Fig. 258. De Noordwestkust van het eiland Savoe, van de reede van Seba (Mêba), gezien

Fig. 261. Het kalkplateau Égé bij Oeba boeboe
(Zuidkust van Savoe). Schaal 1:10,000.

Fig. 262. De kalkwand a b, Fig. 261, van O. gezien.

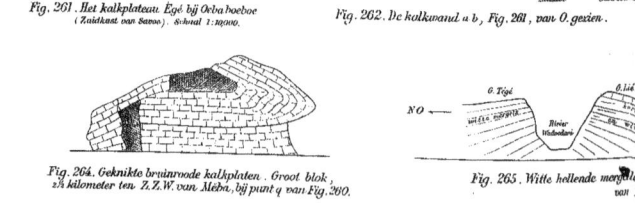

Fig. 264. Geknikte bruinroode kalkplaten. Groot blok,
2½ kilometer ten Z.Z.W. van Mêba, bij punt q van Fig. 260.

Fig. 265. Witte hellende mergel
van

Fig. 252. Het eiland Rĕndjoewa van N.O. gezien, met het Noordwestelijke gedeelte van Savoe.

Fig. 251. De vulkanen Roka en Kéo, aan de Zuidkust van Flores, gezien van ± Z., nabij de Oostpunt van Soemba.

Fig. 253. Geologische schetskaart van het eiland Rĕndjoewa.
Schaal 1 : 200,000.

Fig. 254. Weg van Boeĭ̆ai (eiland Rĕndjoewa,) naar den top Wadoe dagi.
Schaal 1:10,000. Nieuwe opmeting.
Hoogtelijnen op 5 meter afstand.

Fig. 255. De top Watoe dagi, hoogste gedeelte van Rĕndjoewa.
Schaal 1 : 10,000. Nieuwe opmeting.
Hoogtelijnen op 5 meter afstand.
Grens tusschen eoceen en mioceen.

Fig. 256. Doorsnede over den top a van Fig. 255, van N.W.– Z.O.
Horizontale en verticale schaal 1 : 12,000.

Fig. 257. Geologische doorsnede van geheel Rĕndjoewa, van N. naar Z.
Horizontale en verticale schaal 1 : 40,000.

Fig. 263. Verbogen kalk- en mergelplaten, 2½ kilometer ten Z.Z.W. van Mêba (Savoe) bij punt p van Fig. 260.

Fig. 260. Weg van Mêba (Noordkust van het eiland Savoe) naar Oeba boeloe aan de Zuidkust.
Schaal 1 : 100,000. Nieuwe opmeting.
Hoogtelijnen op 50 meter afstand.

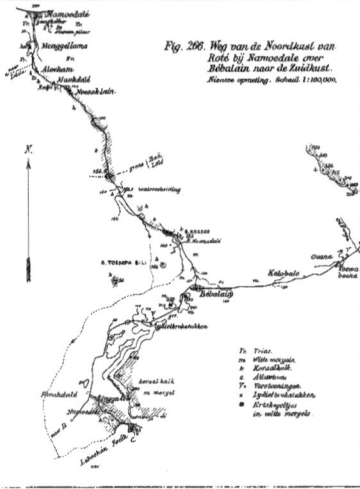

Fig. 266. Weg van de Noordkust van Roté bij Namoedale over Bébalain naar de Zuidkust. Nieuwe opmeting. Schaal 1:100,000.

Fig. 267. De Noordkust van Roté, van de Noordoostpunt tot a

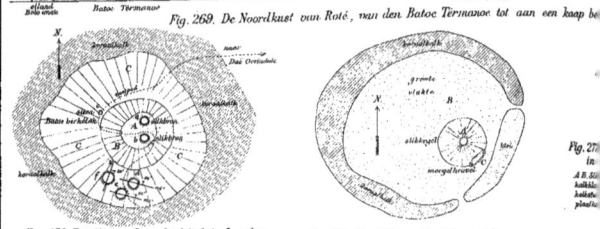

Fig. 269. De Noordkust van Roté, van den Batoe Termanoe tot aan een kaap bi

Fig. 270. De slikbron Batoe bérkétak in Landoe (eiland Roté). Schets.
A B C. Slikkegel ; a, b, slikbronnen ; c, de steen, gewaand Batoe bérkétak ; d, e, f, mergel en kalkphaten (trias ?).

Fig. 271. De slikbron Oëkaûk, met de omringende vlakte, bij Daé Oerindale, (hoofdplaats van Landoe, eil. Roté) Schets.
A. Slikkegel ; B. vlakte ; C. mergelheuvel.

Fig. 280. Doorsnede van den top van het eiland Kambing III bij Saman, volgens de lijn A B van Fig. 279.
Horizontale schaal 1:5000. Vertik. schaal 1:1000.

Fig. 286. Melafier in den benedenloop der rivier Kasimoeti, rechterov
a. Melafier ; b, brokstukken crinoidenkalk ; ge. gerold materiaal. bki. met brokstukken serpentijn ; mk. witte mergelkalk, gedeeltelijk foraminiferenkalk.

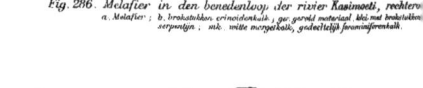

Fig. 289. Hellende mergellagen in den benedenloop der rivier Kasimoeti, rec den melafier Fig. 286.
m. Zachte gele mergels ; ken. hardere kalkmergellagen ; k, kurastkalk ; bij A, afgesch

Fig. 290. Zand- en rolsteenbank aan de monding der Kasimoeti-rivier ; p einde der rivier.

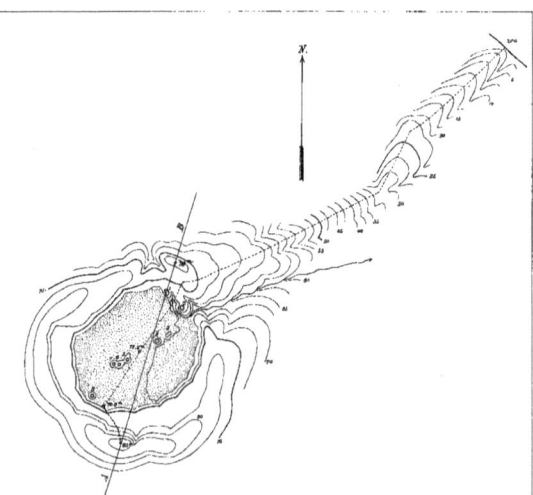

Fig. 279. De top (slikkrater) van het eiland Kambing III, bij Saman, met het voetpad naar de Oostkust. Nieuwe opmeting. Schaal 1:5000. Hoogtelijnen op 2½ meter afstand.

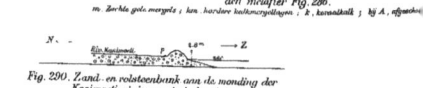

Fig. 284. Doorsnede van West-Timor, van Koepang
m. Zachte witte en lichtgrijze mergels ; k.

Tr. Trias.
ra. Witte mergels.
k. Koraalkalk.
A. Alluvium.
Tr. Turfvormingen.
s. Iphiolvulcanibeken.
b. Krietkegeltjes in witte mergels.

an den Batoe Tërmanoe .

→ W

westen Baä .

→ W

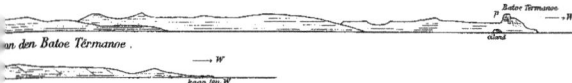

Fig. 268. De Batoe Tërmanoe (Soea lain) met het eiland Bolo anak, van nabij gezien; genomen van het Noorden.

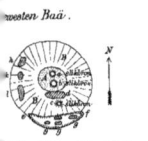

Fig. 273. Doorsnede van de slikbron Hotoe bëbolan Fig. 272, van N-Z.

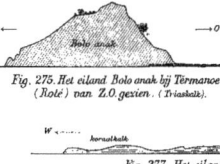

Fig. 275. Het eiland Bolo anak bij Tërmanoe (Roté) van Z.O. gezien. (Triaskalk).

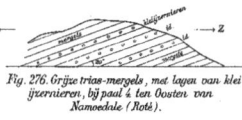

Fig. 276. Grijze trias-mergels, met lagen van klei-ijzernieren, bij paal 4 ten Oosten van Namoedale (Roté).

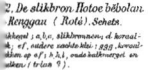

2. De slikbron Hotoe bëbolan. Rënggau (Roté). Schets.

Fig. 274. Doorsnede van de slikbron Hotoe bëbolan Fig. 272, van W-O.

Fig. 277. Het eiland Samaa, van Z. gezien.

het eiland Kambing III, bij Samau., van N.O.t.O. gezien.

Fig. 281. Weg van Koepang (Timor) over Baung naar het Zuiderzeestrand.
Nieuwe opmeting. Schaal 1 : 100,000.

P Permische lagen
M Melafier
ger Gerold materiaal (klei met allerlei brokstukken)
m Witte en lichtgele mergels
k Koraalkalk
a Alluvium
V Versteeningen

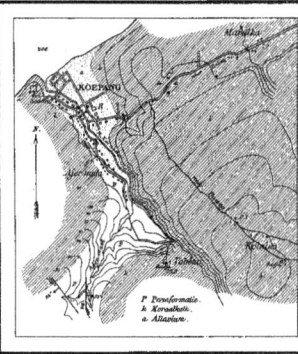

rofiel der lagen in de Ajër mali bij Koepang.
verticale schaal 1:20,000. Partik. schaal 1:5000.
a. Vindplaats der perm-fossielen.

Fig. 282. De omgeving van Koepang. Nieuwe opmeting.
Schaal 1 : 20,000. Hoogtelijnen op 10 meter afstand.
a. Vindplaats der permversteeningen.

P Permformatie.
k Koraalkalk.
a Alluvium.

Fig. 285. Plateau van roode klei (verweerde mergel), omringd door koraalkalk, bij paal 7, weg Koepang-Baung (Timor).
Schaal 1 : 40,000.

Fig. 287. Barsten in den melafier Fig. 286, met snoeren van kalkspaat met chloriet.

Fig. 288. Amandel met kalkspaat-kristallen uit den melafier Fig. 286.

Fig. 291. Mergelkopen aan de Zuidkust van Timor, ten Oosten van de uitmonding der Kasimoeti-rivier (Noil Sain).

over Baung naar het Zuiderzeestrand bij de monding der Kasimoeti-rivier. Horizontale schaal 1 : 80,000. Verticale schaal 1 : 20,000.
k Harders koraalkalk en foraminiferenkalk; ger Gerold materiaal; M Melafier; V Versteeningen.

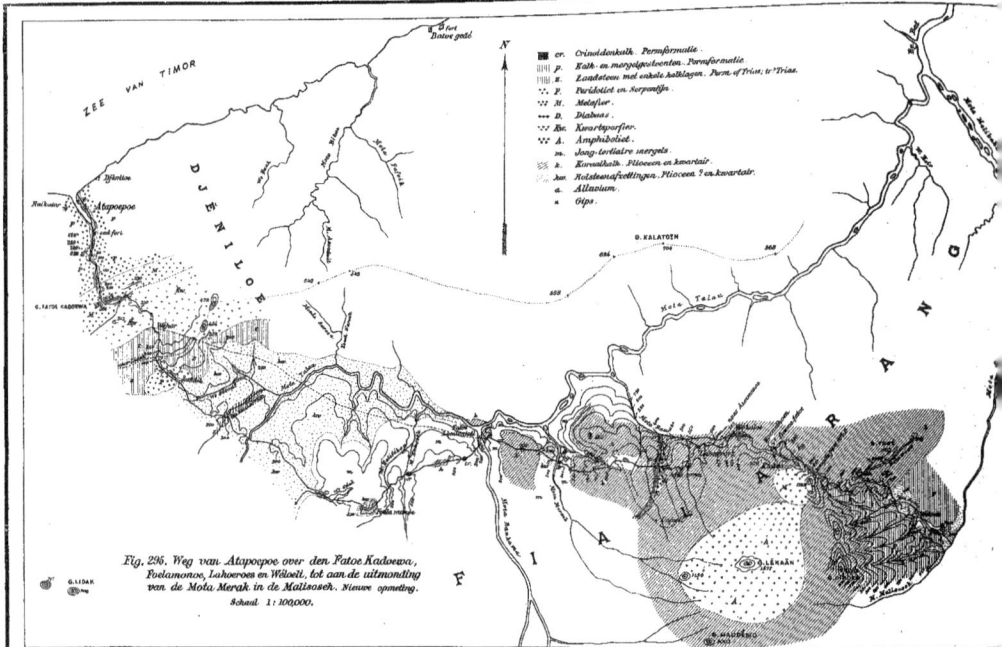

Fig. 295. Weg van Atapoepoe over den Fatoe Kadoewa,
Foelamonoe, Lahoeroe en Wéloeli, tot aan de uitmonding
van de Mota Merak in de Mälisaseh. Nieuwe opmeting.
Schaal 1 : 100,000.

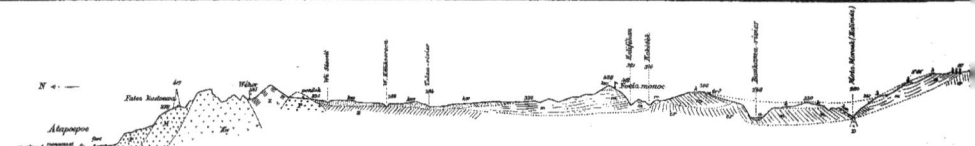

Fig. 296. Geologisch profiel van den weg Atapoepoe – Wéloeli – Mota-Merak (Fig. 295). Horizontale schaal 1:100,00

Fig. 305. Noordoost-Timor, gezien van kampoeng Jawoeroe op het eiland Kisar (de berg A ² van N.O.)

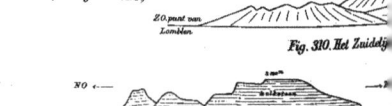

Fig. 310. Het Zuidelij

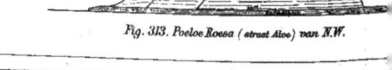

Fig. 311. Poeloe Babi (straat Aloe) van N.W.

Fig. 312. Poeloe Roesa (straat Aloe) van O.N.O.

Fig. 313. Poeloe Roesa (straat Aloe) van N.W.

Fig. 292. De kapen Batoe poetih A en B ten Westen van Atapoepoe, van N. gezien.

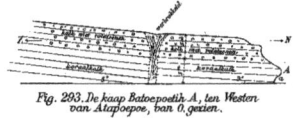

Fig. 293. De kaap Batoepoetih A, ten Westen van Atapoepoe, van O. gezien.

Fig. 294. De kaap Batoepoetih B, ten Westen van Atapoepoe, van O. gezien.

Fig. 297. De kloof van den Fatoe Kadoewa, ten Zuiden van Atapoepoe, van N. gezien.

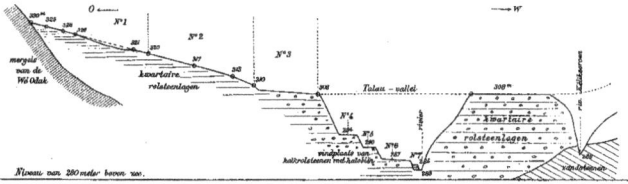

Fig. 298. Kwartaire rolsteenterrassen van de Talau-rivier, op weg van Atapoepoe naar Foelamonoe.
Horizontale schaal 1:20,000. Vertikale schaal 1:1000.

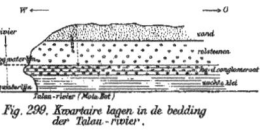

Fig. 299. Kwartaire lagen in de bedding der Talau-rivier.

Fig. 300. Mergelheuvel, bedekt door rolsteenen aan den rechter oever der rivier Halifehan, bij Foelamonoe.

Fig. 301. De Lèkaän, gezien van 238° (± W.N.W.), genomen ten W. van de Boukana-rivier.

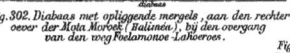

Fig. 302. Diabaas met opliggende mergels, aan den rechter oever der Mota Maroei (Halimea-), bij den overgang van den weg Foelamonoe-Lahoeroei.

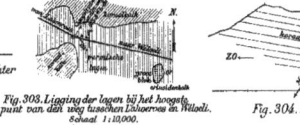

Fig. 303. Ligging der lagen bij het hoogste punt van den weg tusschen Lahoeroei en Wiloeli.
Schaal 1:10,000.

Fig. 304. De Lèkaän van N.O. gezien, met den kalkberg Dir000.

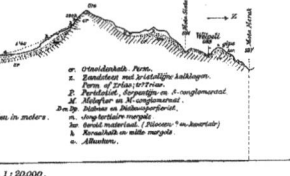

Rooglen in meters.

Horizontale schaal 1:20,000.

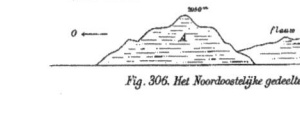

Fig. 306. Het Noordoostelijke gedeelte van Timor, ten W. van den berg A, van ± N. gezien.

Fig. 307. Het eiland Batoe Tara (Kambing II) van O.Z.O., bij Pantar, genomen.

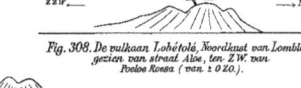

Fig. 308. De vulkaan Lohétolè, Noordkust van Lomblen, gezien van straat Aloe, ten Z.W. van Poeloe Ronsa (van ± O.Z.O.).

...deelte van de Oostkust van Lomblen, van O, uit straat Aloe, gezien.

Fig. 309. Het Noordelijke gedeelte van de Oostkust van Lomblen, van O, uit straat Aloe, gezien.

Fig. 314. Poeloe Moridja (straat Aloe) van N.

Fig. 315. Poeloe Batang (Oroen-eiland) van Z.Z.O., met Poeloe Lapang (Vlak-eiland). Straat Aloe.

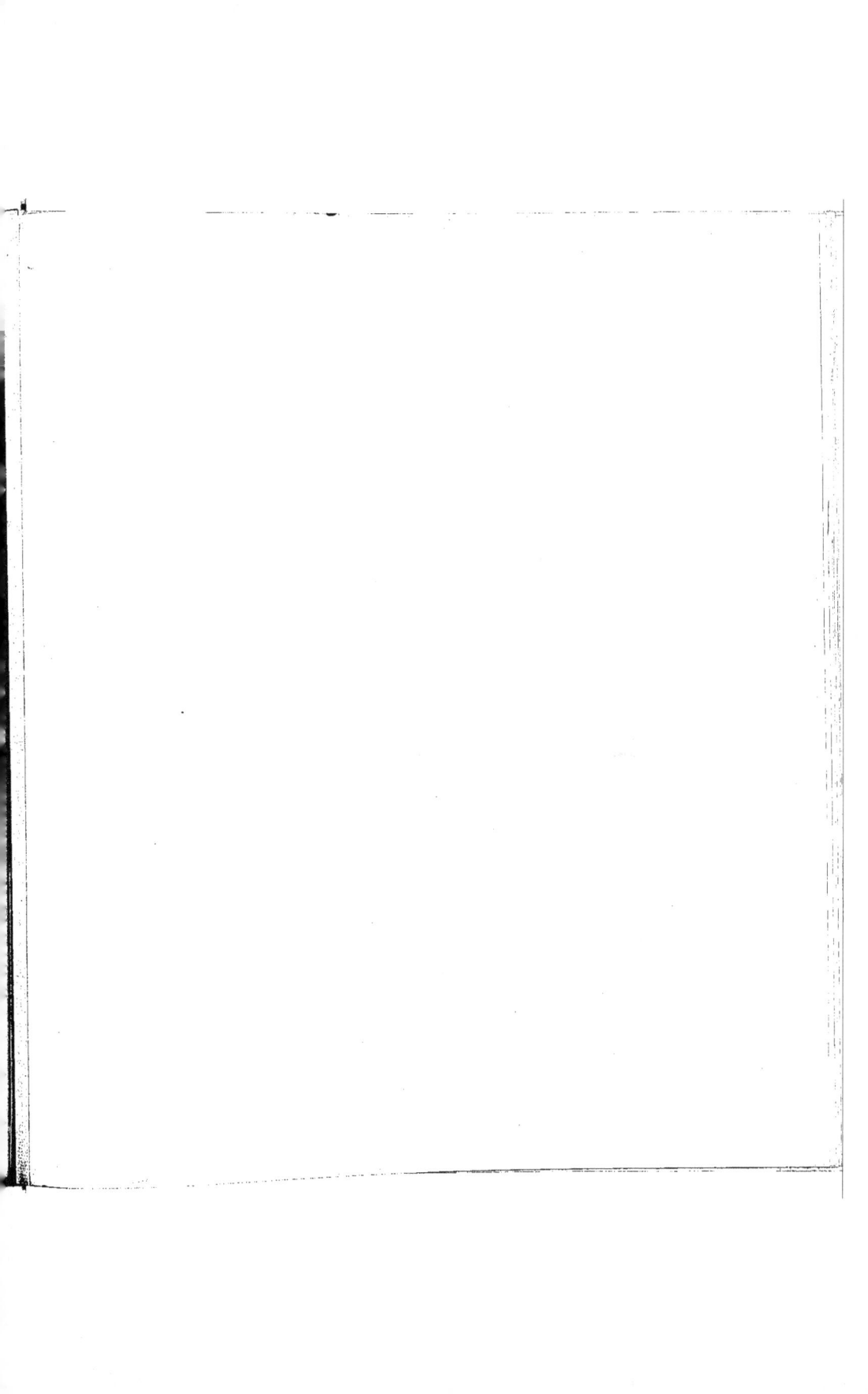

Fig. 317. De Westkust van Pantar, gen

Fig. 318. De Oostkust van Pantar, van de Noordpunt tot aan den vulkaan II. Genomen van het Noordelij

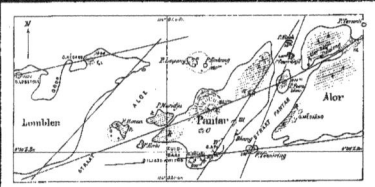

Fig. 316. De eilanden tusschen Lomblen en Alor. Schaal 1:1000000.
(Volgens de zeekaart N° 112.)

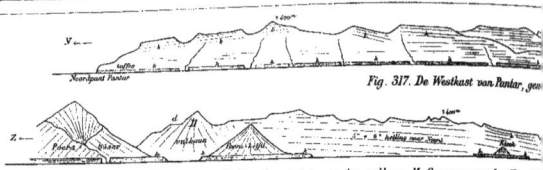

Fig. 320. De Oostkust van Pantar, van den vulkaan III tot aan de Zuidkust. Genomen van het Zuidelijk gedeelte van straat Pantar.

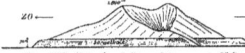

Fig. 327. Het eiland Poera-bésar, van N.O.

Fig. 326. Het eiland Tewéring van N.t.O. met den krater.

Fig. 325. Het eiland Tewéring, van W. met 2 afgestorte stukken a b, in het Z.W.gedeelte.

Fig. 324. Het eiland Tewéring, van N.W.

Fig. 328. Het eiland Poera-këtjil, van Z.

Fig. 329. Het eiland Poera-këtjil, van N.N.W.

Fig. 330. Het eiland Kisoh (Rundjong der zeekaart) van Z.Z.W.

Fig. 331. Het Zuidwesteli

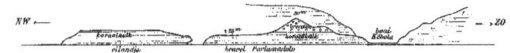

Fig. 335. De heuvel Parlamudolo, aan den ingang der baai Kébola bij Alor-këtjil, van Z.W.

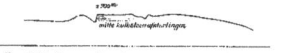

Fig. 336. Hooge, platte bergen, waarschijnlijk kalksteen, in het binnenland van Alor, van N.gezien.

Fig. 337. De piek van Al de 10

Fig. 339. De Oostkust van Alor, van O. gezien. Aan de Zuidzijde hellende kalkste

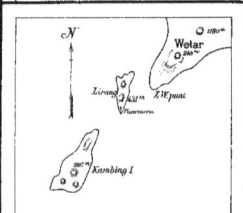

Fig. 342. De Oostkust van het eiland Kambing I, van N.O.gezien.

Fig. 341. De eilanden Kambing I en Lirang bij de Z.W.punt van Wetar.
Schaal 1:1000000.
Volgens de zeekaart N° 112.

Fig. 347. De Westkust van het eiland Kambing I, van N.gez

van straat Aloe, nabij Poeloe Batang.

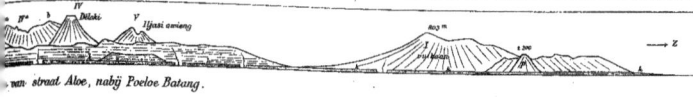

Fig. 319. De Oostkust van Pantar, van den vulkaan II tot den vulkaan III. Genomen van het middengedeelte van straat Pantar.

Fig. 321. De berg Dělaki met den voorberg a.b (IV^a), van het Oosten gezien.

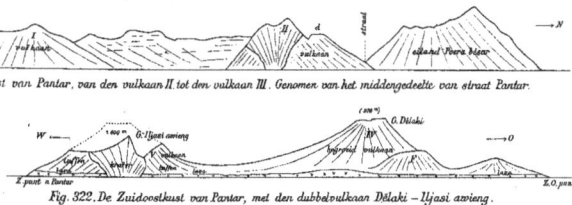

Fig. 322. De Zuidoostkust van Pantar, met den dubbelvulkaan Dělaki – Iljasi awieng.

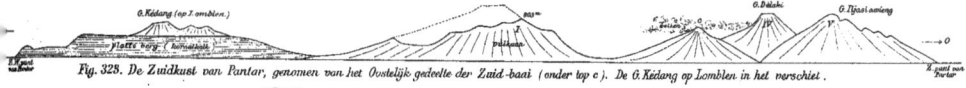

Fig. 328. De Zuidkust van Pantar, genomen van het Oostelijk gedeelte der Zuid-baai (onder top c). De G. Kědang op Lomblen in het verschiet.

gedeelte van Alor, van W. gezien.

Fig. 332. De pas tusschen de baai van Alor en de Noordkust van Alor. Schets.

Fig. 333. Doorsnede van het terrein van Fig. 332, van NW.-Z.O.

Fig. 334. Het Noordwestelijk gedeelte van Alor, tot aan de baai Kěbola, van W. gezien.

met den rug uitloopende in de 4de kaap, gerekend van kaap van Alor. Van N.O. gezien.

Fig. 338. De Noordkust van Alor, van de N.O. punt (1^e kaap) tot aan de 2^e kaap. Gezien van N.O.

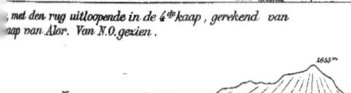

Fig. 340. De piek van Alor van O.Z.O., bij Poeloe Kambing I, gezien.

Fig. 344. De onderste 7 kalkterrassen bij de Z.O. punt van Kambing I, van O. nog meer naderbij, genomen.

Fig. 345. De Z.O. punt van P. Kambing I, van Z.

Fig. 343. De Z.O. punt van Poeloe Kambing I, van N.O. meer naderbij gezien.

Fig. 346. De Zuidkust van het eiland Kambing I, van Z.W.

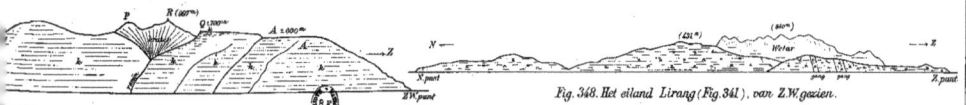

Fig. 348. Het eiland Lirang (Fig. 341), van Z.W. gezien.

nomen.

Fig. 349. De Zuidkust van Wetar, van de Z.W. punt tot aan den hoek van Iliwaki.

Fig. 352. De hoek van Iliwaki, naderbij, van ± O.Z.O. gezien.

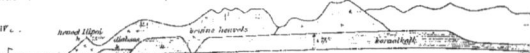

Fig. 353. De baai van Iliwaki, van den vlaggestok tot aan den hoek; van ± Z. gezien.

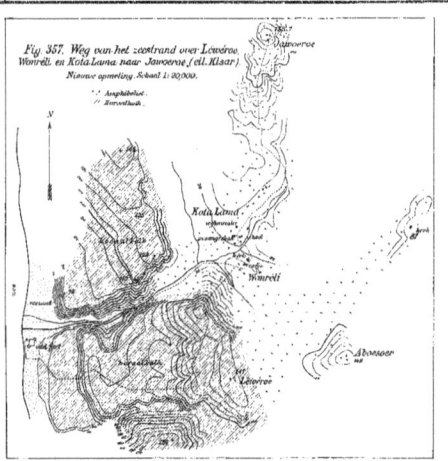

Fig. 357. Weg van het zeestrand over Lewéroe, Wonreli en Kota Lama naar Jawoeroe (eil. Kisar). Nieuwe opmeting. Schaal 1:20,000.

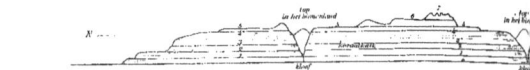

Fig. 356. De Westk...

Fig. 361. De Westkust van Roma, van Ili...

Fig. 363. Breccien en lava bij de Westpunt (w) van Roma, van Z.W. genomen.

Fig. 364. Noesa Njata, van Hila (± Z.Z.O.) ge...

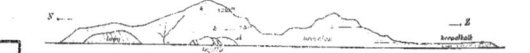

Fig. 367. Het eiland Moepoera, van W.N.W.

Fig. 371. De eilanden Leti, Moa, Lakor, Oekenan Loeang, Kélapa, en Sérnuta. (Volgens de zeekaart N° 144. Schaal 1:1,000,000.)

Fig. 372. Het eiland Leti, gezien van de kampoeng Jawoeroe op Kisar (van ± W.t.N.)

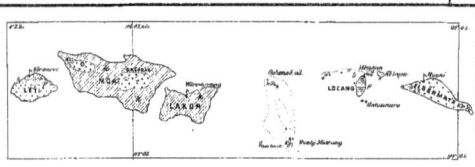

Fig. 374. De omgeving van Sérwaroe (eiland Leti). Schets.

Fig. 376. De Noordkust van Moa, den G.Tiri...

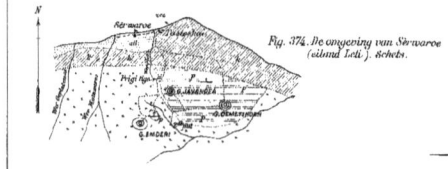

Fig. 378. Het eiland Loeang, van N.O. gezien.

Fig. 380. Het eiland Sér...

Fig. 350. De Zuidkust van Wetar, van den hoek van Iliwaki tot aan de Z.O. punt.

Fig. 351. Gekartelde berg, N.O. van Iliwaki, waarschijnlijk de top a_3 van Fig. 350.

Fig. 354.
De omgeving van Iliwaki. Schets.

Fig. 355. Het eiland Kisar.
Volgens de zeekaart N°748.
Schaal 1:500,000.

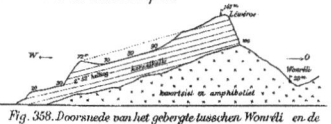

Fig. 358. Doorsnede van het gebergte tusschen Wonvéli en de
Westkust van Kisar.
Horizontale schaal 1:20,000. Verticale schaal 1:5,000.

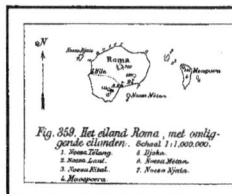

Fig. 359. Het eiland Roma, met omliggende eilanden. Schaal 1:1,000,000.
1. Noesa Télang.   5. Dijaka.
2. Noesa Laut.   6. Noesa Métan.
3. Noesa Kital.   7. Noesa Njata.
4. Maospoera.

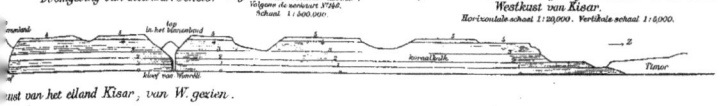

...ust van het eiland Kisar, van W. gezien.

...Fig. 360. De Oostkust van Roma, van het Oosten gezien.

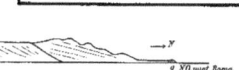

...ila tot aan de Zuidpunt.

Fig. 362. De Westpunt (w) van Roma, met Noesa Njata, van N.O. gezien.

...gezien.   Fig. 365. De N.O. hoek (q) van Roma, van
N.O. genomen.

Fig. 366. De eilanden ten Oosten van Roma, Noesa Kital van Z., Maospoera van W. gezien.

Fig. 368. Het gedeelte A van Fig. 367, naderbij geteekend.

Fig. 369. Noesa Laut,
van W. gezien.

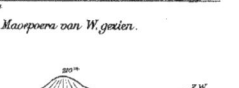

Fig. 370. Noesa Télang (Piek-eiland), van N.W. gezien.

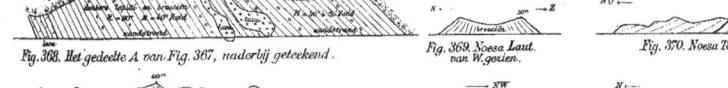

Fig. 373. Het eiland Leti, van N.O. gezien.

Fig. 375. Doorsnede der lagen van Sèrwaroe over den put Prigi tiga naar
den G. Javahoea, en dan naar den G. Emdéri. Eiland Leti.

...Kisar van 2. N. gezien.

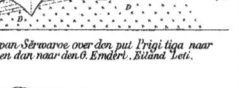

Fig. 377. Het eiland Loeang, van N.W. gezien.

Fig. 379. De Westpunt van Sèrmata, van N. gezien.

...Sèrmata, van N.O. gezien.

Fig. 382. Het eiland Wetan, van het Oosten (bij Tepa) gezien.

Fig. 383. Het eiland Babar van ± N, en Wetan van ± N.N.O., nabij P.Dai, g

Fig. 385. Oost- en Noordoost-Babar, van N.N.O. gezien.

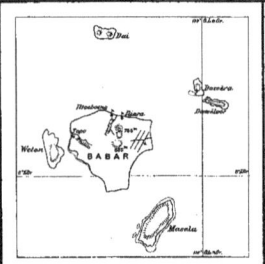

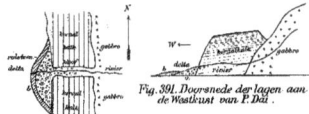

Fig. 381. De Babar-groep, volgens de zeekaart. N°. 146. Schaal 1:1,000,000.

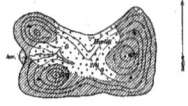

Fig. 391. Doorsnede der lagen aan de Westkust van P.Dai.

Fig. 392. De Oostkust van Poeloe Dai, van

Fig. 389. Geologische schetskaart van Poeloe Dai.
g. Gabbro. k. Koraalkalk. kon. Kontour-deta.

Fig. 390. De rivier aan de Westkust van P.Dai, met het robstendelta g.

Fig. 394. Het eiland Dawéloor, van Z.t.O. gezien.

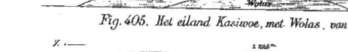

Fig. 387. De rivier Tbitila achter Tepa, op Babar. Schets.

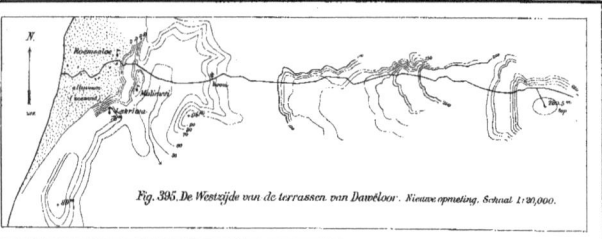

Fig. 395. De Westzijde van de terrassen van Dawéloor. Nieuwe opmeting. Schaal 1:30,000.

Fig. 402. Het eiland Sèloe, va

Fig. 403. Het eiland Woeliar

Fig. 404. Het eiland Woeliaroe van N.O. ge

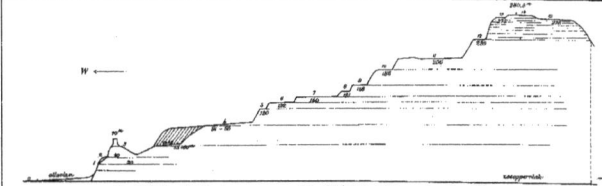

Fig. 405. Het eiland Kasiwoe, met Wolas, van

Fig. 406. Het eiland Wotar,

Fig. 396. Profiel der terrassen van Fig. 395; Westzijde van het eiland Dawéloor.
Horizontale schaal 1:30,000. Vertikale schaal 1:15,000.

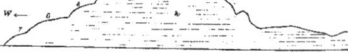

Fig. 408. Het eiland Laibobar, van Z.t.W. gezi

Fig. 384. De berg Pipliawêna van N., meer naderbij gezien dan in Fig. 383.

Fig. 386. Oost- en Noord-Oost-Babar, van N.O. gezien.

Fig. 388. Poeloe Dai, van Z.O. gezien.

Fig. 393. Het eiland Dawêra, van Z. gezien.

Fig. 398. De steen Batoeboeal in Straat Egeron, van N.O.

Fig. 399. Het eiland Angêr masa in Straat Egeron, van N.W.t.W. gezien.

Fig. 400. De Z.W. punt van Anger masa, van W.t. N. gezien.

Fig. 401. De Westpunt van Sêloe, van Z. gezien.

Fig. 407. Laibobar met Oengar en Oelmali. Schaal 1:400.000.

Fig. 409. De berg van Laibobar, van O.Z.O. gezien.

Fig. 410. Verweering van den kalksteen van Laibobar. Schets.

Fig. 397. De Tenimber- of Timorlaut-groep.
Schaal 1:1.000.000.
Volgens de zeekaart N°.146.

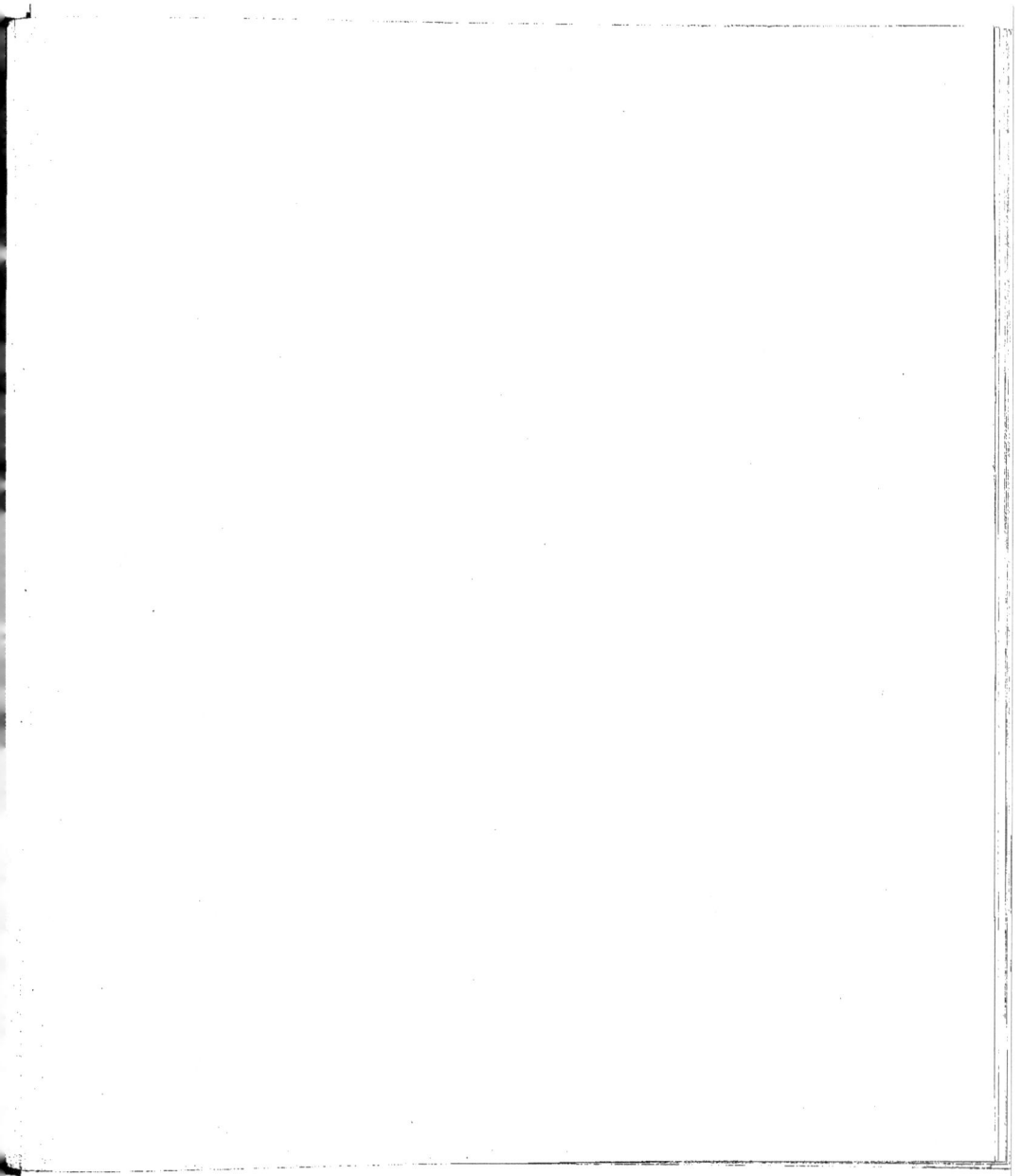

Fig. 411. Laibobar van dichtbij gezien, de top van : Z.O.

Fig. 412. Laibobar met Taval en Oengar, van N.O. gezien.

Fig. 414. De eilanden Virinoen en Niabelangan, genomen ten W. van Barnoesa.

Fig. 415. Maroe met 3 der Lima. eilanden, genomen ten W. van Barnoesa.

Fig. 416. De eilanden

Fig. 418. Het eiland Vordate, van Z.W. gezien.

Fig. 420. De heuvel achter Ngaibor (Z.W. kust der Aroe.eilanden).

Fig. 419. Het Z.W. gedeelte der Aroe.eilanden.
Schaal 1:1,000,000.

Fig. 423. Mergelkalklagen in de rivier Hoad, achter Aad. Groot-Kei.

Fig. 424. Berg bij Moen, van het Noorden bij Aad, gezien. Groot-Kei.

Fig. 426. Zadel.

Fig. 427. Horizontale

Fig. 425. De baai van Elat (Groot-Kei) met de eilanden.
Schaal 1:40,000. Volgens de zeekaart N° 162.

Fig. 428. Onregelmatige
op het eil. Ifad, bij

Fig. 421.
Groot-Kei en Klein-Kei.
Schaal 1 : 500,000.
(Volgens de zeekaart N° 162.)

Eoceen   Mioceen   Kwartair

Fig. 432.
Kaartje
van het middengedeelte
van Groot-Kei.
Schaal 1:110,000.
Gedeeltelijk naar de zeekaart N° 162.

Fig. 413. De eilanden van Laibobar tot Tœn, genomen ten W. van het eilandje Barnoesa.

Maroe, Wojangan en Moloe, genomen ten Z.O. van Moloe.

Fig. 417. Koraalkalk met nis bij Ritabeel, eiland Larat.

22. Het eiland Groot-Kei, ten W. van den berg Saumaril genomen, komende van Klein-Kei.

bekkenvorm der mergelkalklagen bij Elat (punt p der Fig. 425).
Vertikale projectie.

Fig. 433. De bergen Saumaril en Daabtokrau, van Knralang gezien.

projectie der lagen van Fig. 426.

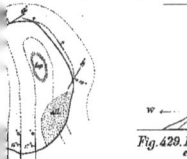

Fig. 434. De Westkust van Groot-Kei, van den berg Oearkoek tot den berg Adwilnaas.

Fig. 429. De mergelkalklagen aan de Zuidkust van het eiland Ifad, bij Elat, Groot-Kei.

Fig. 435. Mergelkalklagen ten N. van Matahollat, aan het strand.

Fig. 436. Mergelkalk en kalksteen bij Tamangil.

Fig. 437 Kalksteen met lepidocyolinen aan het strand ten Z. van Tamangil.

ligging der mergelkalklagen at, Groot-Kei. Schaal 1:8000.

Fig. 438. De Westkust van Groot-Kei, van Poeloe Doewin tot aan de Zuidpunt.

30. Witte en lichtgele mergels bij de kaap Watkod, op het eiland (Noehoe) Jaan, bij Elat. (Groot-Kei).

Fig. 439. De Zuidpunt van Groot-Kei, van W.

Fig. 440. De Zuidpunt van Groot-Kei, van O.

Fig. 431. De Westzijde van het eiland (Noehoe) Jaan, van W. gezien.

Fig. 441. De berg Ngoesleboe, van Jamtil gezien.

Fig. 442. Jonge conglomeraten aan de kust bij Kilwair (oostkust van Groot-Kei)

Fig. 443. De Oostkust van Groot-Kei, bij kampoeng Haar.

Fig. 444. De Noordpunt van Groot-Kei (Tg. Boerang) van O. gezien.

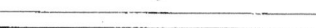

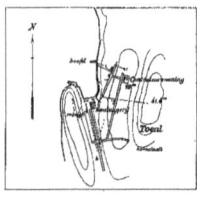

Fig. 445. De kampoeng Toeal op Klein-Kei.
Nieuwe-opmeting : schaal 1 : 20,000.

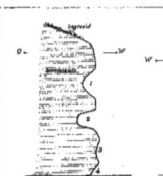

Fig. 446. Kalkwand bij Doedoemahan,
met 4 insnijdingen (Klein-Kei).
Van het N. gezien.

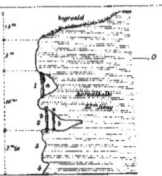

Fig. 447. Kalkwand bij Doedoemahan,
met druipsteenzuilen a.b.
en rolsteenlaagen bij x x.
Van het Z. gezien.

Fig. 448. De kalkwand met grotten bij Doedoemahan,
en Poeloe Oei met het "Nieuwe eiland"
Schaal 1 : 150,000. (Volgens de zeekaart N°192.)

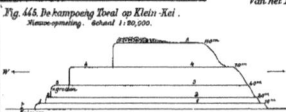

Fig. 449. Het Nieuw
(Klein
Schaal 1
a. Mergelkalk
Overigens alles lasse

Fig. 455. Het eiland Kaimeer van Zuid.

Fig. 456. De Westzijde van Kaimeer. Horizontale projectie.

Fig. 457. De kalksteen met grotten tusschen
Westkust van Ka

Fig. 460. De eilanden Boei en Tèngah, bij Kaimeer, van W. gezien.

Fig. 461. De Westzijde van het eiland Tèor, van W. gezien.

Fig. 463. Het eiland Kasiwoei van Z.

Fig. 464. Het eiland Kasiwoei, van O. gezien.

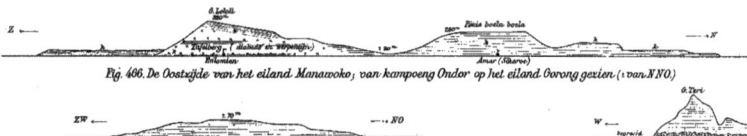

Fig. 466. De Oostzijde van het eiland Manawoko, van kampoeng Ondor op het eiland Gorong gezien (x van NNO.)

Fig. 467. De Westzijde van het

Fig. 469. Het eiland Pandjang of Soeroeaki, van ± ZO. gezien.

Fig. 475. Het Zuidoostelijk g

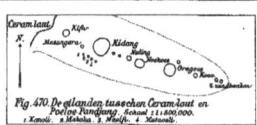

Fig. 470. De eilanden tusschen Ceram-laut en
Poeloe Pandjang. Schaal ± 1 : 600,000.
1 Kamoli, 2 Mekoha, 3 Waolf, 4 Matwaidi.

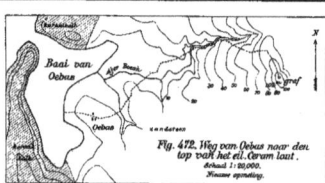

Fig. 472. Weg van Oebas naar den
top van het eil. Ceram laut.
Schaal ± 20,000.
Nieuwe opmeting.

Fig. 474. Het Z.O.gedeelte van Ceram
Schaal 1 : 1,000,000.
Volgens de zeekaart N°346.

Fig. 478. Schiefers en grauwac
bij de Z.W. punt van Manipa

Fig. 471. Schetskaart van het eiland Ceram-laut.
Schaal ± 1 : 100,000.

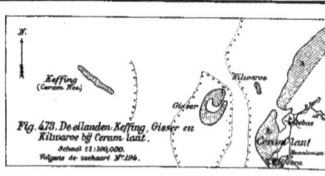

Fig. 473. De eilanden Keffing, Giser en
Kilwaroe bij Ceram laut.
Schaal ± 1 : 100,000.
Volgens de zeekaart N°194.

Fig. 480. Eruptiefgesteente en breccie
a.a. grotten.

Fig. 450. Het eiland Koer.
Schaal 1: 200.000.

Fig. 451. Het eiland Koer, van O. gezien.

Fig. 452. Koraalkalk met onderliggende klei waarin bij × × × glimmerschieferbrokken, ten Z. van kampoeng Roenooten, eil. Koer.

Fig. 453. Twee koraalkalkterrassen a en b, 3ᵐ en 5ᵐ hoog, aan het strand bij Sermaaf (eiland Koer), door de zee uitgespoeld.

Fig. 458. Doorsnede der drie kalkmuren aan de Westzijde van Kaimeer.

Fig. 454. Doorsnede der koraalkalkterrassen a en b (Fig. 453) bij Sermaaf, eil. Koer.

Fig. 459. De grotten van Kaimeer met de druipsteenzuilen.
Schaal ± 1:500.

Fig. 462. De twee eilanden Baon, ten Zuiden van het eiland Kasimoei, van W. gezien.

Fig. 465. Het eiland Watoe bella, van O. gezien.

Fig. 468. De Oostzijde van het eiland Gorong, van ± Z.O. gezien.

Fig. 477. De Noordoostkust van Manipa, van N.O. gezien.

Fig. 485. Kalkconglomeraten aan de oevers der Sifoe. rivier bij de Bara-baai, Noordkust van Boeroe.
a.a. Horizontale terrassen.

Fig. 476. De eilanden Manipa, Kélang en Boanó.
Schaal 1:1.000.000.
(Volgens de zeekaart Nᵒ 166.)

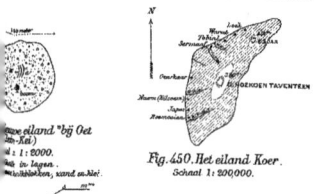

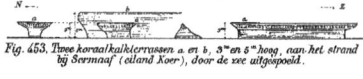

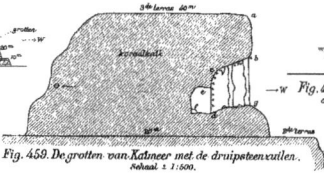

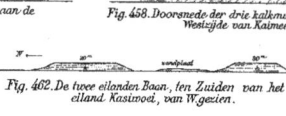

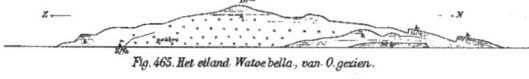

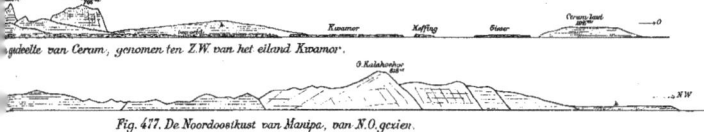

Fig. 479. De Oostkust van Kélang, van O. gezien.

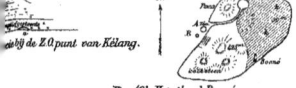

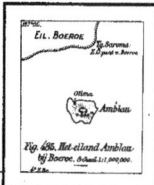

Fig. 482. Het eiland Boanó, van O. gezien.

Fig. 481. Het eiland Boanó, Schaal 1:500.000.

Fig. 483. Het eiland Boanó, van W. gezien.

Fig. 486. Het eiland Amblau bij Boeroe. Schaal 1:1.000.000.

Fig. 486. Eruptiefgesteente in horizontale zuilen verdeeld, bij de Z.O.punt van Amblau.

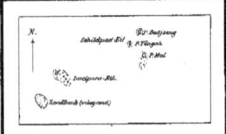

Fig. 487. De Schildpad- en Lucipara-eilanden
(Poeloe Toedjoe) in de Banda-zee.
Schaal 1:1.000.000.
(Volgens de zeekaart N°.146.)

Fig. 488. De vulkaan
Goenoeng Api bij Wetar.
Schets.

Fig. 489. De Goenoeng Api bij Wetar, van N.W.

Fig. 490. De Goenoeng Api bij Wetar, van ± Z.W.

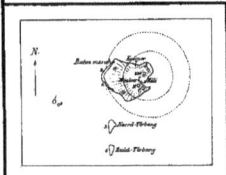

Fig. 491. De vulkaan Daam (Dammer)
Schaal 1:1.000.000.
(Volgens de zeekaart N°.746.)

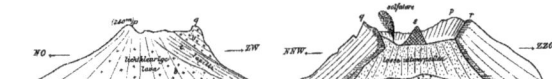

Fig. 492. Het eruptiepunt A van Daam, van O. gezien.

Fig. 493. Het eruptiepunt B van Daam, van ONO. gezien.

Fig. 494. Het eruptiepunt C van Daam, van ONO. gezien.

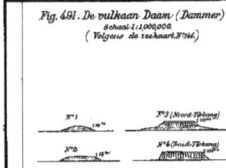

Fig. 495. De vier koraal-eilanden ten Z. van Daam,
van NNW gezien.

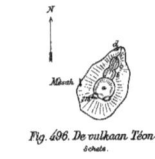

Fig. 496. De vulkaan Téon.
Schets.

Fig. 497. Het eiland Téon, van N. gezien.

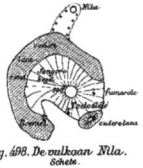

Fig. 498. De vulkaan Nila.
Schets.

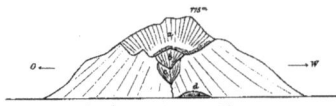

Fig. 500. Het eiland Séroea. Schets.

Fig. 499. Het eiland Nila, van ZW. gezien.

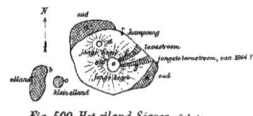

Fig. 501. De Zuidzijde van het eiland Séroea,
van OZO. gezien.

Fig. 502. Het eiland Séroea,
van NW. gezien.

Fig. 503. De vulkaan Manoek,
van ZZW. op grooten afstand.

Fig. 504. De vulkaan Manoek, van ± ZZW.,
meer naderbij gezien.

Fig. 505. De vulkaan Manoek, van ZZO. gezien.

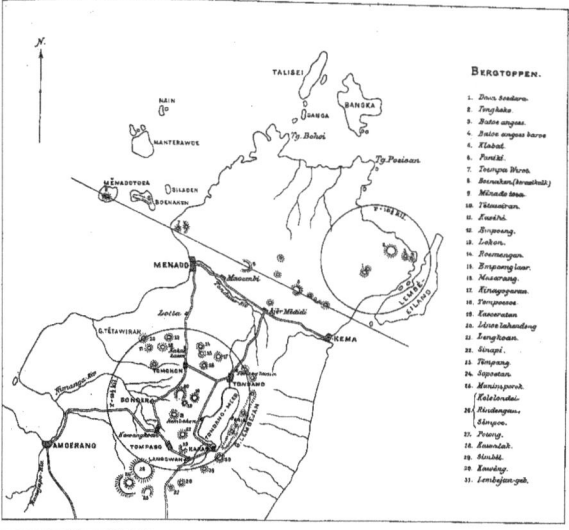

Fig. 506. *Kaart van de Minahasa. Schaal 1:600,000.*
(*De omtrek van het land en de ligging der bergen volgens P. en F. Sarasin.*)

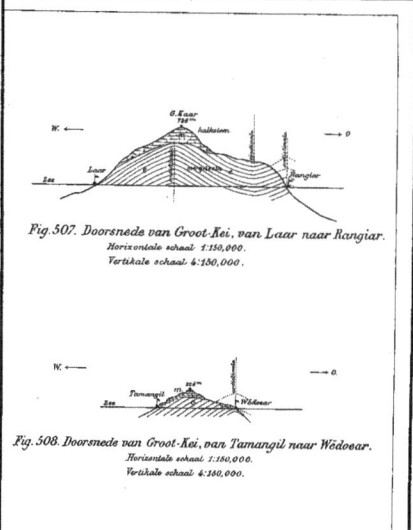

BERGTOPPEN.

1. Doea koedara.
2. Tongkoko.
3. Batoe angoes.
4. Batoe angoes baroe.
5. Klabat.
6. Poerkil.
7. Toempoe Wroe.
8. Soewahan (karanketti.)
9. Masada toea.
10. Tkinoeiran.
11. Lacchri.
12. Singeang.
13. Lokon.
14. Roemengan.
15. Empoeng laar.
16. Masarang.
17. Kinagoegoeran.
18. Tangroees.
19. Kasorotan.
20. Lésos Lahandong.
21. Longkoan.
22. Sinapi.
23. Tompang.
24. Soputan.
25. Manimporok.
   Kaketoeoedai.
26. Rindengan,
   Sémpoe.
27. Potong.
28. Sosonlak.
29. Kinbit.
30. Koerkoy.
31. Lembajan-geb.

Fig. 507. *Doorsnede van Groot-Kei, van Laar naar Rangiar.*
Horizontale schaal 1:150,000.
Vertikale schaal 6:150,000.

Fig. 508. *Doorsnede van Groot-Kei, van Tamangil naar Wédoear.*
Horizontale schaal 1:150,000.
Vertikale schaal 6:150,000.

Fig. 509. *Koraalkalkbergen in het Zuidelijke gedeelte van Hoeamoeal (West-Ceram). Schets.*

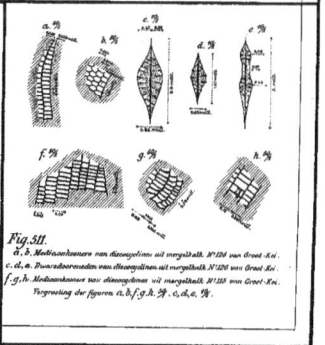

KAART Fig. 510.
VAN DE EILANDEN TUSSCHEN
AZIË EN AUSTRALIË.
SCHAAL 1:30,000,000.
Diepten der Zee.
0 - 200 Meter.   200 - 1000 Meter.   meer dan 1000 Meter.

Fig. 511.
a, b. Medianenkeeners van dieoegelinen uit mergelkalk N°124 van Groot-Kei.
c, d, e. Puversdoorsneden van dieoegelinen uit mergelkalk N°126 van Groot-Kei.
f, g, h. Medianenkeener van dieoegelinen uit mergelkalk N°125 van Groot-Kei.
Vergrooting der figuren a, b, f, g, h. ⁹⁄₁, c, d, e. ⁹⁄₁.

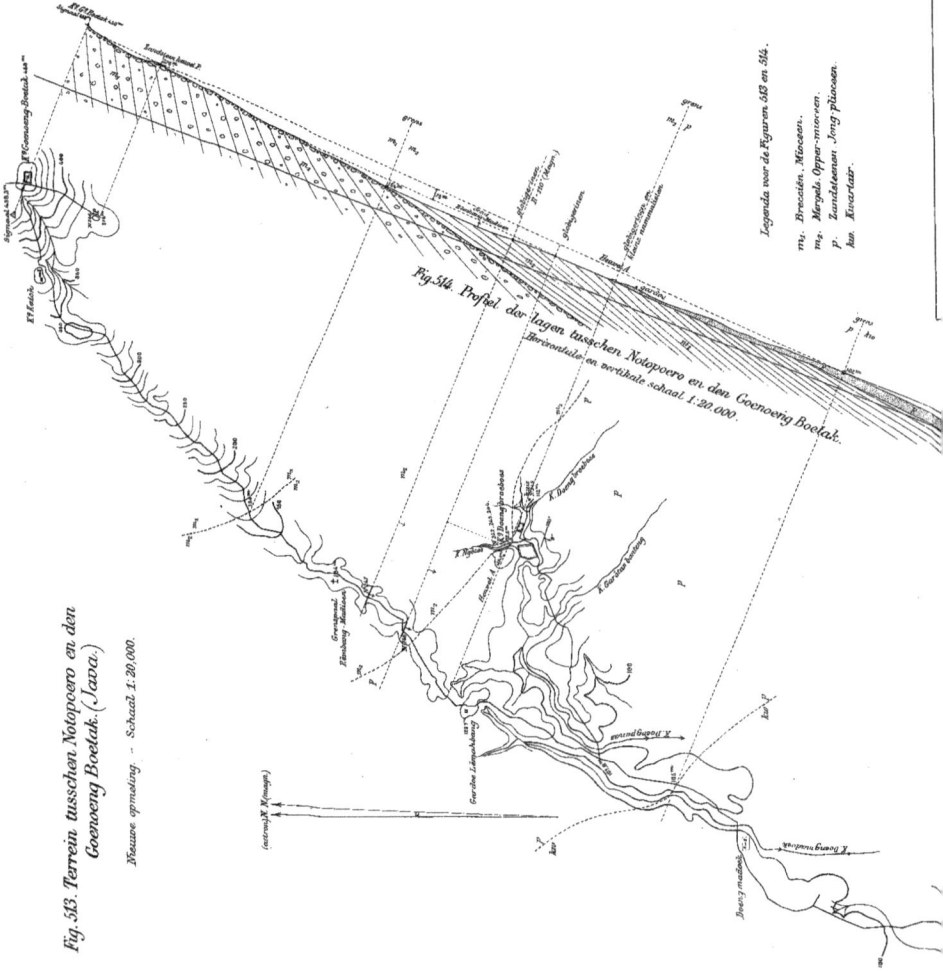

Fig. 513. Terrein tusschen Notopoero en den Goenoeng Boelak. (Java.)

Nieuwe opmeting. – Schaal 1:20.000.

Fig. 514. Profiel der lagen tusschen Notopoero en den Goenoeng Boelak.

Horizontale en verticale schaal 1:20.000.

Legenda voor de Figuren 513 en 514.

m. Breccien. Miocaen.
m₁ Mergels. Opper-miocaen.
m₂ Zandsteenen. Jong pliocaen.
z. p.
kw. Kwartair.

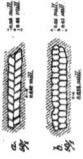

Fig. 517. Kithalge uit kadastoom N°461 van Tegeri.

a. Longitudoorsnede. b. Dwarsdoorsnede.
Vergrooting ³⁄₄.

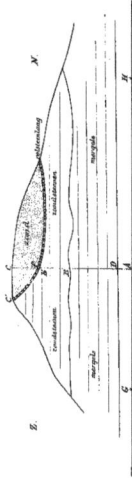

Fig. 515. Profiel der lagen aan den rechteroever van de rivier Ngétos bij Doeng broekoes. (Java.)

Horizontale en Verticale schaal 1:500.

A.B. Zachte grijze mergel { onderste bank 4.10 ... 2.46 meter
                            { bovenste bank 20 ... 7.10 "
B.E. Zachte gele zandsteen .... 4.85 "
E.F. Rolsteenbedding .... 0.40 "
F.C. Los zand. .... 3.30 "
                              Samen. 19.10 "

G.H. = 91 meter. Hoogte van punt A 101.60 meter, van punt B 117.75 meter, van punt G 125.59 meter boven zee.

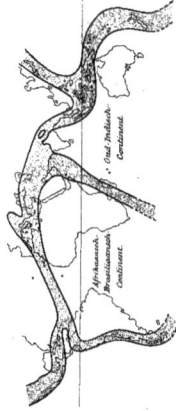

Fig. 516. Kaartje van het Oud-Indisch Continent.

Schaal aan den equator 1:260.000.000.
(In hoofdzaak volgens M. Neumayr.)
Geosynclinalen.

Afrikaansch-
Braziliaansch
Continent.

Oud-Indisch
Continent.

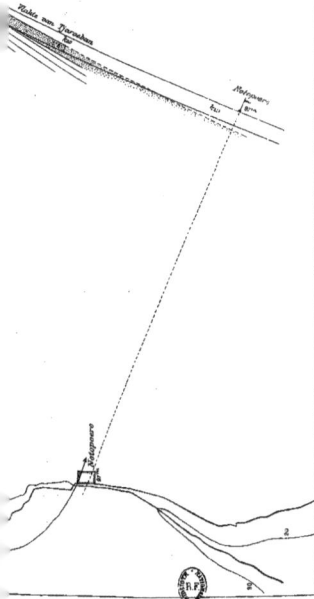

Fig. 512. Kaart van het terrein tusschen Tjaroeban en den Goenoeng Boetak.
(Madioen, Java.)

Nieuwe opmeting. Schaal 1:80.000.

m, bronmeldagen (vitzicaen.)
m₂ mergeldagen (open steenen.)
p. plkieaan.
kw kwartair.
Hoogten in meters boven zee.

VLAKTE
VAN TJAROEBAN

Rechts van Djoenban

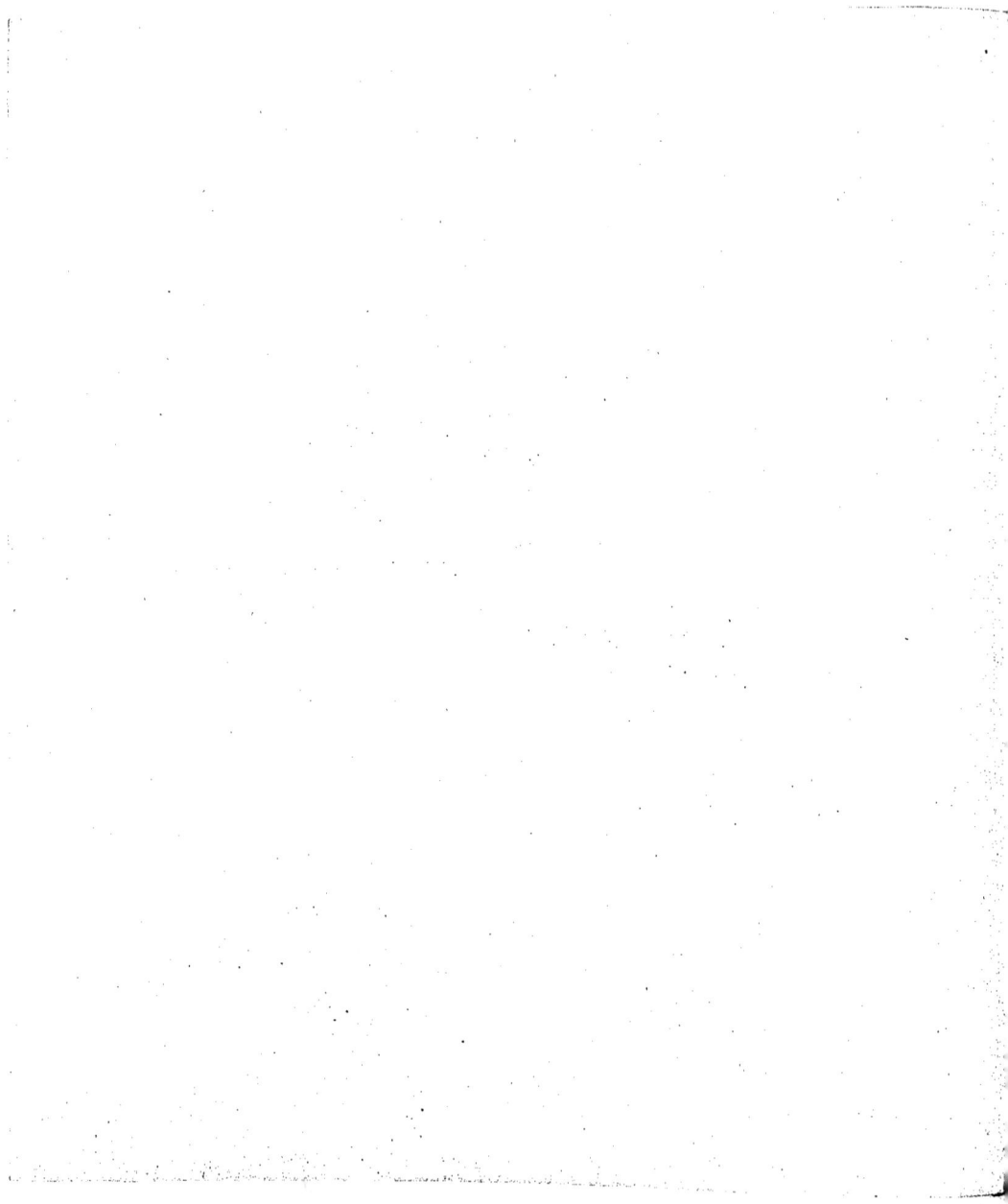

www.ingramcontent.com/pod-product-compliance
Lightning Source LLC
Chambersburg PA
CBHW071247200326
41521CB00009B/1658